Mohamed Hamdaoui

Teinture du coton

Mohamed Hamdaoui

Teinture du coton

Analyse, suivi et étude des teintures directes et réactives

Presses Académiques Francophones

Impressum / Mentions légales

Bibliografische Information der Deutschen Nationalbibliothek: Die Deutsche Nationalbibliothek verzeichnet diese Publikation in der Deutschen Nationalbibliografie; detaillierte bibliografische Daten sind im Internet über http://dnb.d-nb.de abrufbar.

Alle in diesem Buch genannten Marken und Produktnamen unterliegen warenzeichen-, marken- oder patentrechtlichem Schutz bzw. sind Warenzeichen oder eingetragene Warenzeichen der jeweiligen Inhaber. Die Wiedergabe von Marken, Produktnamen, Gebrauchsnamen, Handelsnamen, Warenbezeichnungen u.s.w. in diesem Werk berechtigt auch ohne besondere Kennzeichnung nicht zu der Annahme, dass solche Namen im Sinne der Warenzeichen- und Markenschutzgesetzgebung als frei zu betrachten wären und daher von jedermann benutzt werden dürften.

Information bibliographique publiée par la Deutsche Nationalbibliothek: La Deutsche Nationalbibliothek inscrit cette publication à la Deutsche Nationalbibliografie; des données bibliographiques détaillées sont disponibles sur internet à l'adresse http://dnb.d-nb.de.

Toutes marques et noms de produits mentionnés dans ce livre demeurent sous la protection des marques, des marques déposées et des brevets, et sont des marques ou des marques déposées de leurs détenteurs respectifs. L'utilisation des marques, noms de produits, noms communs, noms commerciaux, descriptions de produits, etc, même sans qu'ils soient mentionnés de façon particulière dans ce livre ne signifie en aucune façon que ces noms peuvent être utilisés sans restriction à l'égard de la législation pour la protection des marques et des marques déposées et pourraient donc être utilisés par quiconque.

Coverbild / Photo de couverture: www.ingimage.com

Verlag / Editeur:
Presses Académiques Francophones
ist ein Imprint der / est une marque déposée de
OmniScriptum GmbH & Co. KG
Heinrich-Böcking-Str. 6-8, 66121 Saarbrücken, Deutschland / Allemagne
Email: info@presses-academiques.com

Herstellung: siehe letzte Seite /
Impression: voir la dernière page
ISBN: 978-3-8381-4553-2

Copyright / Droit d'auteur © 2014 OmniScriptum GmbH & Co. KG
Alle Rechte vorbehalten. / Tous droits réservés. Saarbrücken 2014

Sommaire

Introduction générale.. 1

Chapitre 1: Le coton : préparation et teinture 4
1. La fibre du coton 5
   1.1. Origine et développement 5
   1.2. Morphologie 7
   1.3. Composition 7
   1.4. Gonflement 9
   1.5. Propriétés chimiques 9
      1.5.1. Action de l'eau 9
      1.5.2. Action des alcalis 10
      1.5.3. Action des acides 10
      1.5.4. Action des oxydants et des réducteurs 10
   1.6. Propriétés physiques 10
2. Préparation du coton 11
   2.1. Flambage 11
   2.2. Désencollage 13
      2.2.1. Désencollage des produits à base d'amidon 13
      2.2.2. Désencollage des produits hydrosolubles 14
   2.3. Débouillissage 14
   2.4. Mercerisage 16
   2.5. Blanchiment du coton 18
      2.5.1. Blanchiment à l'eau oxygénée 18
      2.5.2. Blanchiment à l'hypochlorite de sodium 19
      2.5.3. Blanchiment au chlorite de soude 20
   2.6. Azurage du coton 20
3. Teinture du coton 21
   3.1. Définition de la teinture 21
   3.2. Paramètres de contrôle et de suivi d'une teinture 22
      3.2.1. La cinétique de montée du colorant 22
      3.2.2. Equilibre de teinture 22
      3.2.3. Taux d'épuisement du bain 23
      3.2.4. Taux de fixation du colorant 23
   3.3. Les colorants du coton 23
      3.3.1. Les colorants de cuve 24
      3.3.2. Les colorants au soufre 25
      3.3.3. Les colorants directs 25
      3.3.4. Les colorants azoïques 25
      3.3.5. Les colorants réactifs 26
   3.4. Aspects physico-chimiques de la teinture 26
      3.4.1. Le mécanisme d'adsorption 26
      3.4.2. Les isothermes d'acsorption 28
   3.5. Technologie de teinture 31
      3.5.1. Teinture en discontinu (par épuisement) 31
      3.5.2. Teinture à la continue ou en semi-continu 32
4. Conclusion 34

Chapitre 2: Teinture directe du coton 36
A. Présentation des colorants directs 37
1. Caractéristiques des colorants directs 37
2. Classification des colorants directs 37
3. Mécanisme de teinture directe 38
4. Sensibilité de la teinture directe 40
5. Procédés de teinture directe 40
B. Etude de la cinétique de teinture directe 42
1. La vitesse de teinture 42
   1.1. Détermination de la vitesse de teinture 42
   1.2. Etude de cas 43
      1.2.1. Matières textiles et colorants 43

  1.2.2. Appareil de teinture.. 44
  1.2.3. Appareil de mesure colorimétrique : le spectrophotomètre................................. 45
  1.2.4. Processus de teinture.. 46
  1.2.5. Suivi de l'évolution de l'épuisement en fonction du temps.................................. 47
2. La diffusion des colorants directs 49
 2.1. Détermination du coefficient de diffusion 49
 2.2. Etude de cas 50
  2.2.1. Matières textiles.. 50
  2.2.2. Coefficient de diffusion du colorant et conditions de teinture.............................. 51
C. Conclusion 52

Chapitre 3: Teinture réactive du coton 54
A. Présentation des colorants réactifs... 55
1. Caractéristiques des colorants réactifs... 55
2. Classification chimique des colorants réactifs 57
 2.1. Les colorants réactifs mono et dichlorotriazines 57
  2.1.1. Les dichlorotriazines... 57
  2.1.2. Les monochlorotriazines... 57
 2.2. Les colorants réactifs pyrimidines 58
  2.2.1. Les dichloro et trichloropyrimidine 58
  2.2.2. Les monofluoropyrimidines 58
  2.2.3. Les chlorofluoropyrimidine 58
 2.3. Les colorants réactifs vinylsulfones... 58
 2.4. Les colorants réactifs bi-fonctionnels.. 58
3. Classification tinctoriale des colorants réactifs 59
 3.1. Les colorants réactifs à alcali contrôlé 59
 3.2. Les colorants réactifs à électrolyte contrôlé.. 59
 3.3. Les colorants réactifs à température contrôlée.. 59
4. Mécanisme de teinture réactive.. 60
 4.1. Phase 1 : phase d'épuisement primaire 60
 4.2. Phase 2 : phase d'épuisement secondaire 60
 4.3. Phase 3 : le lavage après teinture 61
5. Réactivité et substantivité des colorants réactifs 61
6. Aspects physico-chimiques de la teinture réactive.. 61

B. Mise en place d'une méthode de suivi d'un procédé de teinture réactive....................... 62
1. Expérimentations 62
2. Caractérisation des colorants 63
 2.1. Courbes spectrales des colorants... 63
 2.2. Courbes d'étalonnage des colorants.. 65
3. Etude de la cinétique de teinture et modélisation du processus de l'épuisement 66

C. Mise en place d'une méthode de détermination de l'épuisement d'une teinture trichromatique............ 70
D. Mise en place d'une méthode d'optimisation d'un procédé de teinture 73
1. Méthode des plans d'expériences... 74
 1.1. Espace expérimental 75
 1.2. Plans factoriels complets... 76
 1.3. Plans factoriels fractionnaires 76
2. Etude de l'épuisement d'un bain de teinture réactive.. 77
 2.1. Analyse des effets.. 77
 2.2. Analyse des interactions.. 79
 2.3. Régression linéaire et Analyse des variances 80
 2.4. Surface des réponses... 81
E. Conclusion... 85

Conclusion générale.. 86

ANNEXE 87

Références bibliographiques.. 89

Introduction générale

De jour en jour, l'industrie textile est confrontée à une concurrence très importante. Cette situation assez délicate oblige les entreprises de fabriquer des produits de meilleure qualité dans des délais et avec des coûts raisonnables.

Le terme «qualité», le respect des délais de livraison et la maîtrise des coûts restent les paramètres les plus intéressants. Ils sont très liés à un facteur important qui est l'optimisation. Ce facteur nécessite des études approfondies permettant d'améliorer le procédé de fabrication pour réduire et optimiser les paramètres temps, énergie, épuisement, eau, etc....

La maîtrise de la qualité, l'élaboration des recettes et l'optimisation des procédés d'applications des colorants passent, généralement, par l'étude, le suivi et la détermination des paramètres et des facteurs de mesure et d'évaluation de la teinture obtenue.

En effet, l'étude des propriétés physico-chimiques de la matière à teindre, des caractéristiques chimiques du colorant utilisé, de type de la machine utilisée, du mécanisme de teinture, des étapes et des phases de teinture, de la cinétique de montée et de type de liaisons col-fibre permettent de prévoir le résultat final exprimé par la conformité, l'uniformité de la couleur et les solidités de la teinture et d'aider les industriels et les spécialistes ainsi que les étudiants chercheurs travaillant dans ce domaine de choisir les conditions optimales de la teinture (température, RdB, concentration des produits et des réactifs, temps de teinture, etc).

Véritable initiation à l'univers fascinant de développement des couleurs, de préparation des matériaux textiles, de l'application des teintures synthétiques et de la recherche des meilleurs procédés, le présent livre s'adresse en priorité à un public professionnel, amoureux des textiles, curieux de matériaux de la couleur et passionné par la modélisation mathématique appliquée au domaine de chimie de colorants. La conception souple de cet ouvrage permet de naviguer indifféremment de la théorie du *matériau textile, de sa préparation et sa teinture à la pratique. En effet, le lecteur pourra ainsi, à sa guise et à son rythme :*

- *Acquérir des connaissances fondamentales relatives à la fibre textile, à sa préparation et à sa teinture ;*
- *Apprendre des théories et fondements scientifiques relatives aux aspects physico-chimiques de la teinture ;*
- *S'initier aux techniques de base d'application du colorant sur le support textile ;*
- *Connaître les colorants directs et réactifs et ses mécanismes de teinture ;*
- *Approfondir son expérience en élargissant son champ d'exploration grâce aux méthodes développées pour suivre, étudier, caractériser et analyser chacune de ces deux teintures (directe et réactive).*

Chapitre 1
Le coton :
Préparation et teinture

Chapitre 1

Le coton : préparation et teinture

Dans l'industrie textile d'ennoblissement, nous traitons généralement deux catégories de fibres textiles : les fibres naturelles et les fibres chimiques. Les fibres chimiques regroupent à la fois les fibres purement synthétiques d'origine pétrochimique et les fibres régénérées ou artificielles fabriquées à partir des matières d'origine naturelles. D'après les données de production mondiale de fibres textiles en 2011 (environ 52.7 million de tonnes), le coton est, à côté du polyester, l'un des types de fibres les plus couramment rencontrés (environ 34%). De plus, l'évolution de sa production au cours des dernières décennies démontre que son importance est sans cesse croissante.

Dans ce premier chapitre, on expose, dans un premier temps, en détail quelques généralités et notions théoriques sur les fibres du coton, en mettant en particulier l'accent sur la composition chimique, les propriétés physiques, les impuretés types qu'elles contiennent, etc....

Ensuite, nous présentons les traitements de préparation de ces fibres sous ses différentes structures. A la suite de quoi, nous mettons en évidence quelques notions, théories et fondements des teintures, ainsi que des techniques et procédés permettant d'appliquer correctement les colorants sur le coton.

1. La fibre du coton

1.1. Origine et développement[2,3,4]

Le coton est une fibre textile naturelle d'origine végétale qui prend la forme de poils (dans le fruit) recouvrant les graines du cotonnier. Les cotonniers sont des plantes dicotylédones (c-à-d à deux cotylédons). Les cotylédons sont des feuilles primordiales constitutives de la graine. Les cotonniers sont des arbustes appelé « genus gossypium » originaires de l'Inde et, actuellement, cultivés dans de nombreux pays aux climats chauds et humides. On compte près de cinquantaine d'espèces sauvages dont quatre seulement sont à l'origine des variétés cultivées pour la production du coton[5,6]. On distingue:

- Gossypium barbadense : Représente 5 à 7% de la production mondiale du coton. Cette espèce est cultivée en Amérique du sud tropicale, en Amérique centrale et aux Caraïbes, en Afrique (essentiellement l'Egypte) et en Asie. De cette espèce sont issues les fibres longues soies et fines (> 33mm) ;

- Gossypium herbaceum et arboreum : Représentent environ 4% de la production mondiale du coton. Ces fibres sont cultivées en Afrique et en Asie. Les cotons de cette espèce sont épaisses et courtes (< 25 mm) ;

- Gossypium hirsutum. C'est l'espèce la plus couramment cultivée (environ 90%). Ce genre est cultivé en Amérique, en Afrique, en Asie et en Australie. Ce sont des fibres de taille moyenne (25-32 mm).

Les fibres de coton proviennent des capsules du cotonnier (Gossypium). Ces capsules contiennent des graines qui sont enveloppées de duvets, la fibre du coton. Ces duvets se forment à partir d'une seule cellule. Après une rapide expansion diamétrale pendant les 7 à 8 premiers jours (le diamètre est de 12 à 25 µm), les fibres ayant une forme de tubes creux se développent en s'allongeant. Le développement longitudinal des fibres de coton est achevé après 18 à 25 jours de croissance. A ce stade, la paroi de fibre est composée de cellulose amorphe constituant une couche mince appelée membrane primaire. Cette membrane possède une structure orientée transversalement et conservée durant toute la période de développement de la fibre[7,8].

Ensuite, c'est l'épaississement interne de la paroi cellulaire qui débute par le dépôt successif de couches cellulosiques de structure fibrillaire spiralée constituant ainsi la membrane secondaire. Cette phase s'achève au bout de 25 à 35 jours. La fibre n'est jamais remplit à 100% par la cellulose. En effet, il reste un espace au centre de la fibre appelé « lumen ». La taille du lumen dépend de la maturité de la fibre.

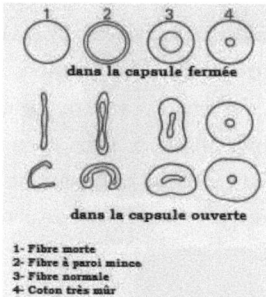

Figure 1. 1 : Coupe de fibres immature à très mûres[9]

Figure 1. 2 : Evolution de la fibre du coton (de la fleur au fruit)

Les principaux producteurs du coton sont la Chine, l'Inde, les Etats-Unis d'Amérique, le Pakistan, l'Ouzbékistan et le Brésil. Ces six pays couvrent plus de 85% de la production mondiale[10].

1.2. Morphologie

D'après les photos microscopiques (figure 1.3), on peut constater que la fibre de coton n'est pas cylindrique, mais elle a tendance à vriller et à prendre la forme d'un ruban plat. Des fibrilles caractéristiques de cette fibre induisent une rugosité importante à la surface de la fibre.

 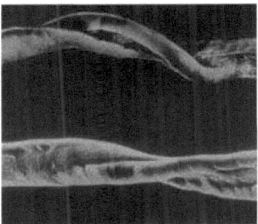

Figure 1. 3 : Photos microscopiques des fibres de coton[11,12]

1.3. Composition

La fibre de coton est, principalement, composée de la cellulose pure (de l'ordre de 85% et plus), d'humidité intimement liée à la fibre (8 à 9%) et de quelques autres composants :

- Cellulose : 80 à 85% ;
- Humidité : 8 à 9% ;
- Cires : 1 à 2% ;
- Protéines et pectines : 2 à 3% ;
- Matières minérales : 1 à 2%.

La cellulose est une macromolécule composée de maillons de β-glucose (figure 1.4). Le nombre de ces maillons, appelé le degré de polymérisation, varie suivant l'origine de la fibre. Son motif répétitif est le cellobiose. Ce dernier est composé de deux β-D-glucopyranoses[13] (figure 1.5). La formule empirique de la cellulose est $(C_6H_{10}O_5)_n$[14].

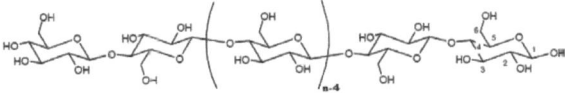

Figure 1. 4 : Structure macromoléculaire de la cellulose[14]

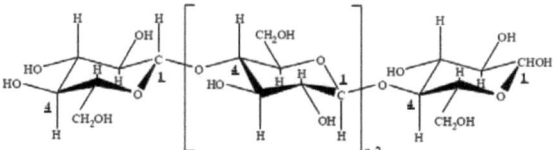

Figure 1. 5 : Configuration de la molécule de cellulose et liaisons 1,4-β glucosidiques[15]

Les groupements hydroxyles dans les positions C_2, C_3 et C_6 sont capables de former des liaisons hydrogène intra et intermoléculaires. La liaison hydrogène intramoléculaire est formée entre deux groupements hydroxyles qui se trouvent à l'intérieur de la même chaîne. Par contre, la liaison hydrogène intermoléculaire se forme entre les deux groupements hydroxyles les plus proches des molécules de cellulose adjacentes.

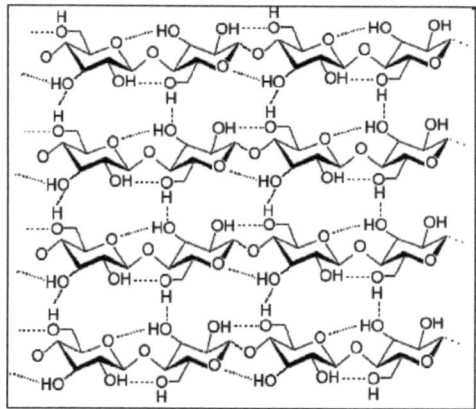

Figure 1. 6 : Liaison hydrogène intra et intermoleculaires de la cellulose[16]

Ce nombre assez élevé de liaisons hydrogènes (figure 1.6) a plusieurs conséquences sur les propriétés de la cellulose. Du fait de leur grand nombre et de leur agencement, ces liaisons confèrent aux fibres de coton une très grande résistance mécanique. De plus, il est peu aisé de rompre toutes ces interactions ce qui rend la cellulose très difficilement soluble. Finalement, la température nécessaire à la rupture de ces liaisons hydrogène est supérieure à celle de la composition de la molécule ce qui explique la non fusibilité de la cellulose.

La cellulose possède des régions cristallines et des régions amorphes. Les liaisons hydrogène étant beaucoup plus nombreuses dans la première. Le taux de cristallinité du coton[16] est de 60%. Ce taux de cristallinité joue un rôle très important dans la réactivité de la cellulose. En effet, la valeur de la cristallinité conditionne l'accessibilité des fonctions hydroxyles aux différents réactifs, c'est-à-dire la disponibilité des groupements hydroxyles à interagir avec des différents agents chimiques.

1.4. Gonflement

Le gonflement d'un sol de se traduit, généralement, par une augmentation du volume après le contact avec un liquide tout en maintenant son homogénéité[16]. Dans le cas de la cellulose, ce phénomène est observé pour tout contact avec un liquide polaire. Ceci est dû à la présence des groupements hydroxyles. Lorsque l'agent gonflant pénètre uniquement les zones amorphes (les moins ordonnées de la chaîne de cellulose) caractérisées par la facilité de l'accès de l'agent gonflant, on parle d'un gonflement inter-cristallin. Par contre, lorsque l'agent gonflant pénètre les zones ordonnées de la cellulose (les zones cristallines), on parle d'un gonflement intra-cristallin avec comme conséquence d'en modifier la nature (cas de mercerisage de la cellulose, figure 1.7).

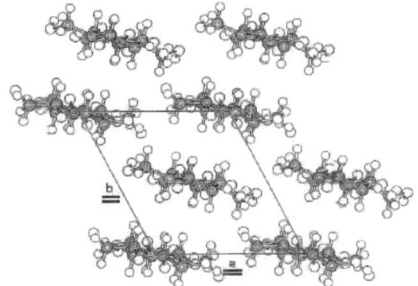

Figure 1.7 : Représentation schématique de la cellulose II (mercerisée) dans le plan a-b[17]

1.5. Propriétés chimiques

Il faut rappeler que les traitements de préparation, de teinture et de finissage des articles 100% coton nécessitent l'utilisation de l'eau et des produits chimiques. Le matériau doit avoir une certaine résistance, une stabilité aux conditions normales de traitement et ne doit pas gonfler dans les solvants couramment rencontrés. Dans ce paragraphe, on présente le comportement du coton vis-à-vis les produits chimiques les plus utilisés dans l'entreprise d'ennoblissement.

1.5.1. Action de l'eau

En phase vapeur, le coton fixe de l'eau par adsorption. L'eau se fixe par des liaisons hydrogène. Ce phénomène est réversible et la cellulose perd de l'eau par désorption.

En phase liquide, la cellulose est insoluble grâce aux nombreuses liaisons hydrogène échangées entre les chaînes cellulosiques. Pour solubiliser la cellulose, il faut briser ce nombre très élevé de liaisons hydrogène.

Dans les conditions normales, l'eau est retenue sur la cellulose par des liaisons hydrogène. On assiste à un gonflement de la fibre de coton.

1.5.2. Action des alcalis

Dans une entreprise d'ennoblissement du coton, on trouve des alcalis plus ou moins forts, qui sont utilisés à des températures plus ou mois élevées.

Les alcalis faibles sont sans actions sur la fibre de coton à froid. Aux températures plus élevées, auxquelles certains traitements de préparation et de teinture sont réalisés, l'attaque est faible.

Les alcalis forts (par exemple la soude caustique et la potasse) ont sur la cellulose une action importante. Par exemple, lors d'un traitement de mercerisage dans une solution de soude caustique à 18%, le coton gonfle considérablement avec pour conséquence une rétraction importante.

1.5.3. Action des acides

L'action des acides sur la cellulose varie selon la température du traitement, la concentration du bain de traitement et la durée. Une coupure des chaînes cellulosiques aient lieu accompagnée d'une chute du degré de polymérisation. Par conséquent, la résistance dynamique chute.

Il faut surtout signaler à l'ennoblisseur qu'en milieu aqueux, il y a hydrolyse plus ou moins rapide et complète de la cellulose. La vitesse d'hydrolyse est fonction du type d'acide, de sa concentration, de la durée et de la température du traitement. La vitesse d'hydrolyse est très importante en début de la réaction puis elle se stabilise.

1.5.4. Action des oxydants et des réducteurs

À faibles concentrations, les oxydants et les réducteurs détruisent la matière colorante naturelle du coton. A forte concentration, les oxydants causent la dégradation de cellulose. Par contre, les réducteurs sont, généralement, sans actions sur le coton.

1.6. Propriétés physiques

Le coton est une fibre lourde de densité moyenne de 1,53. Elle présente, dans les conditions normales de température et d'humidité, un taux de reprise de 8% à 9% et peut atteindre 25 à 30% à 100% d'humidité relative[18]. Le toucher du coton est doux et soyeux.

Le coton est caractérisé par une résistance mécanique moyenne influencée par le taux d'humidité fixé dans l'air. Il présente une ténacité de 20 à 45 cN/tex et un allongement à la rupture de 5 à 10%.

Le coton supporte de hautes températures. Il commence à jaunir à partir de 120°C et il se décompose au-délà de 150°C. A partir de 220°C, on assiste à un phénomène de pyrolyse.

L'affinité tinctoriale des articles en pur coton est très grande en raison de la finesse de la paroi des fibres.

2. Préparation du coton

Pour conférer aux marchandises 100% coton les qualités correspondant à sa destination, des traitements de préparation peuvent être appliqués dont le but est d'éliminer parmi les impuretés celles dont la présence ne permettrait pas de présenter les qualités requises, soit pour sa commercialisation en blanc, soit pour supporter correctement la teinture ou l'impression.

2.1. Flambage

Les surfaces textiles de coton sont composées de filés de fibres discontinues et présentent, par conséquent, une certaine pilosité due au fait que lors de filage, toutes les fibres ne sont pas prises dans la torsion des filés. Plus le numéro du fil est élevé, plus le degré de pilosité est important. Ce duvet superficiel composé de fibres et de fibrilles dressées est souvent gênant (surtout dans le cas des tissus à imprimer). De plus, les fibres se dressant d'une manière désordonnée à la surface du tissu provoquent des problèmes tinctoriaux.

De même, on peut ajouter que, lorsque la matière est imprégnée dans le bain de désencollage immédiatement après flambage, elle peut être désencollée plus rapidement et plus facilement. Egalement, le risque de boulochage est sensiblement réduit par le flambage.

Le flambage doit s'effectuer avant le blanchiment à cause de la couleur plus ou moins brune qui prend la matière flambée.

En ce qui concerne le comportement à la chaleur, le coton peut être chauffé pendant plusieurs heures à 110°C sans subir de dégradation sensible. A des températures plus élevées, il se produit une dégradation de la matière. Il s'agit d'une rupture des chaînes qui provoquent une diminution de la ténacité. D'une manière générale, il y a jaunissement à 120°C – 150°C, dégradation à partir de 180°C et pyrolyse autour de 250°C.

Dans l'industrie, il existe trois types de flambeuses (on peut dire aussi grilleuses) qui peuvent être utilisée.
- Le système le plus ancien est constitué par une ou plusieurs plaques cintrées, en cuire, dont la largeur dépasse sensiblement la laize du tissu traité. Un chauffage au gaz porte ces plaques à des températures élevées.
- La flambeuse équipée de cylindres rotatifs creux en fonte, portés au rouge, par chauffage interne au gaz ou à l'électricité. Ce dispositif assure un flambage plus régulier que le précédent.
- Les flambeuses à brûleurs sont les plus utilisées. Le rôle du brûleur est très important car il doit griller efficacement les fibres extérieures sans provoquer l'altération de tissu lui-même. Les flambeuses modernes sont équipées de brûleurs au gaz (propane, butane, gaz de ville, gaz naturel, etc.).

Il y a plusieurs paramètres qui doivent être maîtrisés pour avoir un effet bien déterminé et une bonne qualité de flambage. Ces paramètres sont :
- La vitesse de l'étoffe : Elle définie la durée du séjour de marchandise dans la zone d'action de la flamme. En général, les flambeuses travaillent dans une gamme de vitesses très élevées (de 30 à 300 m/minute). La vitesse de flambage peut modifier considérablement l'effet de flambage ;
- La distance « brûleur-étoffe » : La distance de la flamme se traduit par une diminution de la température appliquée à une unité de surface. Donc, plus l'écart sera grande, moins la flamme sera intense et active. Ceci peut conduire à un échauffement trop lent ;
- La distance entre le brûleur et le tissu doit être donc réduite au minimum. Toutefois, la capacité maximale du brûleur est obtenue par un écart brûleur – étoffe de 5 à 8 mm, la flamme ayant alors son effet optimum et suffisamment de volume pour assurer la combustion nécessaire ;
- La position de flambage : Plusieurs positions de flambage sont possibles. Il faudra choisir celle qui convient le mieux en fonction de la structure de l'article à traiter et des caractéristiques de combustion des fibres ;
- Le brûleur peut être dirigé perpendiculairement à la nappe textile, mais également de façon tangentielle.

2.2. Désencollage

Dans le but de faciliter les opérations de tissage, les fils de chaînes sont encollés, c'est à dire enrobés d'un film protecteur. Ce film permet au fil de supporter toutes les contraintes mécaniques, et donc d'améliorer la résistance à l'abrasion et la résistance aux extensions répétées ces fils de chaîne limitant ainsi leurs casses.

Parmi les produits d'encollage utilisés, on distingue :
- L'encollage à base d'amidon insoluble : nous trouvons dans cette classe, par exemple, les amidons de pomme de terre, les amidons de maïs, les amidons de riz et les amidons de blé, etc.
- L'encollage à base de composés solubles :
  - Les dérivés cellulosiques : carboxyméthylcellulose, etc.
  - Les produits synthétiques : alcool polyvinyliques, etc.

Avant la teinture, ce film doit être éliminé afin de permettre une pénétration suffisante. En effet, un tissu propre se laisse traiter plus facilement et plus rapidement. Ainsi, une teinture unie, une belle impression, un traitement d'apprêt solide et durable, dépendent d'une bonne préparation de marchandise.

2.2.1. Désencollage des produits à base d'amidon

> *Traitement enzymatique*

Le désencollage enzymatique se fait en imprégnant le tissu avec une solution enzymatique contenant un agent mouillant compatible avec l'enzyme à une température de 60 à 80°C et à pH de 6 à 7. Si le traitement est effectué en semi continu, le tissu est stocké pendant 4 à 20 heures sur des roules tournants. Finalement, l'amidon plus ou moins dégradé sera éliminé par un lavage à l'eau bouillante.

Par contre, le traitement de désencollage à la continue se fait avec une enzyme qui résiste à haute température (>120°C). La durée du traitement, dans ce cas, est de quelques minutes.

> *Traitement oxydant*

Le traitement oxydant consiste à imprégner le produit à désencoller dans un bain de désencollage oxydant. Ce traitement altère fortement le degré de polymérisation du coton (le DP chute de 2600 – 2700 à 2000 – 2200). En effet, le coton et 'amidon sont de même nature chimique. Les deux matières sont des enchaînements de glucose. La seule différence entre les deux se situe au niveau de la longueur de l'enchaînement. Il est, donc, normal que ce traitement attaque aussi les fibres du coton.

2.2.2. Désencollage des produits hydrosolubles

Dans ce cas, les produits d'encollage utilisés sont des macromolécules synthétiques. Les produits les plus courants sont à base d'alcool polyvinylique, de résines acryliques, de résines polyesters ou de carboxyméthylcellulose.

Pour éliminer ces produits, il suffit d'un traitement en milieu basique (NaOH) et d'un rinçage à chaud. En effet, le milieu basique solubilise ces produits.

Attention :
Lors de ce traitement, le rinçage est aussi important que le traitement lui-même. En effet, si les pièces sont mal lavées, il suffit d'une réaction en milieu acide pour rendre le produit à nouveau insoluble.

2.3. Débouillissage

Le coton contient à l'état brut un certain pourcentage de cires naturelles (polypeptides) et de divers débris végétaux appelés « puces ».

L'élimination des corps gras naturels présente l'avantage de rendre le coton plus hydrophile, c'est à dire plus perméable à l'eau et aux produits qu'elle contient (colorants, produit de blanchiment, etc.).

En plus de l'élimination des impuretés, le débouillissage a pour objectif de favoriser l'augmentation de degré de blanc lors du blanchiment subséquent et d'obtenir une meilleure aptitude à la teinture et à l'impression.

Selon la qualité de la matière que l'on désire, il est possible de faire varier la température et la durée du traitement ainsi que la constitution du bain.

Pour saponifier les cires naturelles du coton, il faut procéder dans un bain très alcalin. A haute température, les cires sont saponifiées et transformées en sel sodique des acides gras.

Selon l'état initial du matériau et sa finalité, les traitements seront plus ou moins poussés.

- Débouillissage sévère : ce type de débouillissage est réalisé dans le cas de préparation du coton hydrophile. Il est effectué sous pression, dans un autoclave, avec la soude caustique, un détergent et un agent séquestrant. Généralement, selon la provenance du coton, on assiste à une perte de masse plus ou moins importante. Le bain de ce traitement de débouillissage peut être comme suit :

- 0,5 à 1,5 g/L de séquestrant ;
- 0,5 à 1,5 g/L de détergent ;
- 3 à 4% de soude caustique solide ;
- 0,1 à 0,3 g/L de réducteur (bisulfite de soude) ;
- Température 105 à 110°C pendant quelques heures.

- Débouillissage moins poussé : Pour un tricot 100% coton ou sur des filés, par exemple, il n'est pas nécessaire de faire un traitement de débouillissage poussé. Dans ce cas, la préparation de la matière en coton dans le bain suivant est bien souvent suffisante :
  - 0,5 à 1 g/L Un anticassure pour tricot ;
  - 0,5 à 1 g/L de séquestrant ;
  - 0,5 à 1 g/L de détergent ;
  - 1,5 à 2 mL/L de soude à 36°Bé ou 0,8% de soude caustique solide.
  - Température 95°C pendant 30 minutes, par exemple.
  - Vider, rincer, neutraliser pendant 5 minutes à 70°C avec 0,3 à 0,5 mL/L d'acide acétique 80.

Nous présentons, dans la suite de ce paragraphe, un exemple de traitement des structures tissées chaîne et trame encollées. Il existe deux types de débouillissage après le traitement de flambage et le traitement de désencollage.

- Débouillissage en plein bain : Après le traitement de désencollage, il faut éliminer toutes les autres impuretés (puces, cires, etc.). Dans certain cas, il est conseillé de combiner ce traitement avec le traitement de blanchiment.

Sur un jigger, jet ou overflow, la préparation combinée suivante, appelée débouillissage du coton en présence de peroxyde d'hydrogène, peut convenir pour la préparation de tissu à teindre en nuance moyenne. Le bain de ce traitement peut être comme suit :

- 0,75 - 1g/L de mouillant ;
- 0,75 - 1g/L de stabilisant organique ;
- 2 à 3% de NaOH ;

- 1,5 à 2,5% de H_2O_2 à 35%.
- à une température de 95°C – 100°C pendant 1 heure ;

Ensuite,
- Refroidir à 70°C ;
- Vider, rincer et neutraliser l'eau oxygénée.

- Débouillissage au large : Le plus souvent, selon la disponibilité du matériel, le débouillissage se fait au large (en semi-continu ou à la continue). Plusieurs lignes de fabrication sont possibles. Ce traitement peut être effectué par Pad-Roll ou par Pad-steam. Dans ce cas, après le désencollage, le tissu passe dans une installation de lavage composée de 2 ou 3 bacs de rinçage. Ensuite, il sera imprégné mouillé sur mouillé à 60°C dans le bain suivant :
  - 3 à 5 g/L de détergent-mouillant ;
  - 2-3 g/L de séquestrant ;
  - 50 à 60 g/L de NaOH ;
  - TE% = 70.

  - En Pad-Roll, le tissu est enroulé et stocké sur un roule tournant pendant 2 à 3 heures à 95°C. Ensuite, après le stockage, le tissu est lavé à la continue;
  - En pad-steam, selon la température choisie, le tissu passe dans un vaporiseur pour une durée de 2 à 30 minutes (théoriquement, la durée d'une réaction thermochimique diminue de moitié pour chaque augmentation de 10°C de la température. Pratiquement, un vaporisage à 100°C nécessite 10 minutes). Ensuite, le tissu est lavé à la continue.

2.4. Mercerisage

L'effet de la soude caustique sur les fibres de coton a été étudié par John Mercer en 1850. Il a prouvé que, à froid, dans des solutions concentrées de soude (300 g/L de NaOH), il se produit[19] :

- Un gonflement important du coton ;
- Une rétraction importante de la structure ;
- Un dégagement de la chaleur.

D'une manière générale, les alcalis forts ont sur la cellulose une action extrêmement importante. En effet, la matière traitée est plus brillante, dimensionnellement plus stable, l'affinité tinctoriale est améliorée et, surtout, leurs propriétés mécaniques sont supérieures.

Si l'augmentation du brillant ou des propriétés mécaniques n'a pas une importance primordiale pour l'ennoblisseur qui désire uniquement une amélioration des propriétés tinctoriales, il est possible de n'effectuer qu'un simple traitement de *caustification* sans tension.

- Mercerisage des fils : Le plus souvent, les filés mercerisés sont des retors. Ils sont appliqués dans un bain de soude caustique sous forme d'écheveaux. La machine utilisée est dite machine à guindres (ce sont deux bras qui tournent et entraînent les écheveaux dans le bain pendant environ 3 minutes). Sur un écheveau de 1 kg, la tension appliquée est d'environ 6 tonnes. La température du bain de soude (28 à 30°Bé) doit être de 15 à 20°C maximum. Après une durée de 3 à 4 minutes, il faut rincer plusieurs fois afin d'éliminer la totalité de la soude. Ces traitements de rinçage sont effectués sous tension.
  Généralement, les écheveaux sont imprégnés à l'état sec. Il est, donc difficile de mouiller une matière écrue. Dans ce cas, il faut ajouter au bain un mouillant très efficace. Dans ce cas, la soude ne sera pas entièrement éliminée et neutralisée car elle servira pour le débouillissage.
  Dans le cas où les écheveaux ont été préparés avant mercerisage, ils sont alors imprégnés mouillé sur mouillé et les quantités de soude seront calculées en conséquence.

- Mercerisage des tricots : les tricots sont imprégnés dans un bain de soude de 14 à 32°Bé. Ils seront stabilisés avec un dispositif d'élargissement (cas des tricots ouverts) ou par injection d'air (cas des tricots tubulaires). Les tensions sont contrôlées par un système de suralimentation et de traction motorisé.

- Mercerisage des tissus : Les tissus peuvent être mercerisés soit en écru, soit après traitements. Dans le dernier cas, le traitement de mercerisage est effectué sur un tissu mouillé, afin d'économiser le prix d'un séchage. La merceriseuse traditionnelle des tissus comporte :
  - Un bac d'imprégnation suivi d'un exprimage : si l'aspect brillant est recherché, il faut mettre une concentration de

275 à 300 g/L de soude à froid. Si on ne cherche que de l'affinité, il suffit de mettre 170 à 200 g/L de soude à froid.
- Une zone de « réaction » où il y a rétraction du tissu ;
- Un champ d'étirage de façon à reprendre les dimensions primitives ;
- Une section de lavage et d'exprimage.

2.5. Blanchiment du coton

Le traitement de blanchiment a pour but de faire disparaître partiellement ou totalement, si c'est possible, les couleurs naturelles beiges ou jaunes présentes dans le coton chaque fois que c'est incompatible avec la présentation finale de la marchandise (article vendu en blanc, teinture en tons clairs et vifs).

Le blanchiment du coton est toujours effectué par voie oxydante, soit à l'hypochlorite de sodium, soit au chlorite de sodium ou encore à l'eau oxygénée. Le blanchiment réducteur à base d'hydrosulfite de sodium ou des produits similaires est utilisé occasionnellement car la matière a tendance à jaunir lors de l'entreposage.

2.5.1. Blanchiment à l'eau oxygénée

Le blanchiment à l'eau oxygénée est le système de blanchiment le plus utilisé actuellement. En effet, c'est le blanchiment le moins dangereux pour les ouvriers (l'eau oxygénée ne laisse aucun résidu dangereux ou polluant). De plus, ce blanchiment est très efficace et ne dégrade pas trop la fibre.

Le blanchiment à l'eau oxygénée s'opère en milieu alcalin (pH de 10,5 à 11,5), avec environ 1% de l'agent de blanchiment par rapport au poids de la matière, en présence d'agent régulateur et éventuellement d'un mouillant. L'opération peut se faire à chaud pendant quelques minutes ou à froid pendant plusieurs heures (réaction très lente). Ce processus de blanchiment est mis en œuvre sur des installations identiques à celles que l'on utilise pour le débouillissage. Les procédés peuvent être discontinus, semi-continus ou continus.

Les chercheurs dans ce domaine sont toutefois d'accord sur le mécanisme de blanchiment suivant :

$$H_2O_2 + OH^- \Leftrightarrow OH^- + H^+ + HO_2^-$$

C'est l'anion perhydroxyle qui est l'agent blanchissant. En pH basique, on favorise l'évolution de la réaction dans le sens de la décomposition de l'eau oxygénée. Par contre, en pH acide, on favorise l'évolution de la réaction dans le sens de la conservation de l'eau oxygénée.

Exemple du bain de blanchiment
- RdB = 1/10.
- 0,5 à 2 g/L de séquestrant ;
- 3 à 5% H_2O_2 à 35% (Pour un grand blanc, la quantité d'eau oxygénée peut atteindre 8%).
- 1 à 2,5 g/L de NaOH solide.
- Silicate de soude.

- Le bain est monté à 60°C en eau douce, séquestrant, la soude, le silicate ;
- Tourner la machine pendant 5 à 10 minutes pour complexer les métaux ;
- Ajouter l'eau oxygénée ;
- Monter la température à 90°C et maintenir 30 à 90 minutes selon la finalité de l'article ;
- Refroidir le bain et neutraliser les restes d'eau oxygénée.

2.5.2. Blanchiment à l'hypochlorite de sodium

C'est le blanchiment le plus efficace. De plus, l'eau de javel est le moins cher des produits de blanchiment. Malheureusement, cet oxydant, NaClO, peut facilement oxyder la cellulose et il est impossible, dans ce cas, de détruire quantitativement les couleurs naturelles sans dégrader la cellulose. En présence d'hypochlorite de sodium, la dégradation des fibres est plus importante dans un domaine de pH compris entre 6 et 8 où on trouve la plus forte concentration de HOCl.

L'un des inconvénients du blanchiment à l'hypochlorite de sodium est la tendance des tissus blanchis à jaunir notamment lors d'un stockage prolongé.

Le blanchiment à l'hypochlorite peut s'effectuer de façon discontinue en jigger ou en appareil de traitement en boyau (par exemple : Barque à tourniquet). Dans ce cas, on procède avec une concentration de 1 à 4 g/L de chlore actif selon le rapport de bain, en démarrant à pH 11 – 11,5 et en ajoutant 1 à 4 g/l de carbonate de sodium. La durée du traitement est de l'ordre de 1 heure à froid. On peut, également, procéder à la continue et cela dans des bains de composition identique pendant une durée de 1 à 2 heures.

L'ajout du carbonate de soude sert à atteindre un pH de 11 environ, ce qui évite une dégradation trop importante de la matière. Egalement, le traitement se fait à une température ambiante dans le but d'éviter une altération trop importante de la marchandise.

Après ce blanchiment, il faut rincer la matière plusieurs fois, puis procéder à un traitement anti-chlore. En effet, s'il restait du chlore sur la matière, celui-ci pourrait dégrader la fibre lors des traitements ultérieurs (notamment si la fibre est séchée).

Le bain anti-chlore contient :
- L'acide chlorhydrique.
- Bisulfite de soude liquide.

2.5.3. Blanchiment au chlorite de soude

Contrairement aux deux premiers, ce blanchiment s'effectue en milieu acide. Ce traitement au chlorite de soude attaque très peu la fibre. Le blanchiment au chlorite de soude est en train de disparaître car il est dangereux et polluant. Il est dangereux car le chlorite de sodium est toxique et il oxyde puissamment les métaux.

Lors de ce blanchiment, il faut donc limiter la formation de bioxyde de chlore d'autant plus que ce gaz vert très soluble dans l'eau présente l'inconvénient d'être toxique, très corrosif même pour l'acier et même explosif à des teneurs supérieures à 10% en volume d'air.

Le bain de blanchiment comprend :
- Du chlorite de soude ;
- Du nitrate de soude ;
- De l'acide formique.

L'acide formique sert à acidifier le bain. En effet, pour avoir une décomposition du chlorite de soude il faut être en milieu acide. Le nitrate de sodium $NaNO_3$ est utilisé dans l'objectif de diminuer les risques de corrosion des machines.

Remarque :
- Le blanchiment combiné $NaOCl/H_2O_2$ est très appliqué pour les articles « grand blanc ».

2.6. Azurage du coton

Les azurants optiques sont des substances capables de fournir la matière bleue violet nécessaire à la compensation du jaune sans absorber eux- même la lumière visible. La lumière du jour contient d'UV considérable dans le domaine de 300 – 400nm. L'azurant, donc, n'absorbant pas dans le domaine visible absorbe la part d'UV non visible et remet l'énergie reçue sous forme de lumière visible à ondes plus longues (400 – 500nm). Par cette transformation de la lumière, l'objet azuré reflète plus de lumière visible et paraît donc plus blanc et plus brillant.

Exemple de bain d'azurage
- RdB = 1/40;
- 3-5 g/l de Na_2SO_4;
- 0,5 – 1 % d'Azurant.

En effet, lorsqu'il y a trop d'azurant dans le bain, on risque de voir apparaître un effet d'inhibition, qui va faire rebaisser le degré de blanc.

On procède à une température de 50°C pendant 20 - 30 minutes puis on fait un rinçage en eau épurée. Finalement, on fait un essorage et un séchage.

3. Teinture du coton

3.1. Définition de la teinture

La teinture est une technique qui consiste à appliquer un ou plusieurs colorants sur le support textile de manière uniforme, afin d'obtenir une nuance homogène, avec un épuisement du bain maximal, un rendement tinctorial correct et des solidités appropriées à son usage final. La matière textile peut être teinte au cours de n'importe quelle phase de sa fabrication : teinture en bourre, sur rubans, sur câbles, sur fil, pièces, .etc.

Quelque soit le colorant utilisé et quelque soit la matière textile à teindre, la teinture s'effectue en trois phases :

- Adsorption du colorant : C'est le dépôt des molécules de colorant à la surface de la matière textile. Ceci est contrôlé par l'affinité du colorant pour la fibre que l'on désigne comme la substantivité du colorant.

- Diffusion et migration du colorant : C'est le passage des molécules de colorant de la surface de la structure textile vers l'intérieur (c.à.d. c'est la pénétration des molécules du colorant dans la structure textile).

  Parallèlement à la diffusion, on a un phénomène de migration qui consiste au déplacement des molécules du colorant à l'intérieur de la fibre.

- Fixation du colorant : C'est la fixation des molécules du colorant sur la fibre. Les molécules se fixent par différents types de liaisons (covalente, électrostatique, Van der Walls, Hydrogène, …).

3.2. Paramètres de contrôle et de suivi d'une teinture

Pour suivre correctement l'opération de teinture et contrôler la réussite de ce traitement afin d'éviter tout risque de mauvais unisson ou de nuance défectueuse, il faut mesurer et étudier les paramètres suivants :

3.2.1. La cinétique de montée du colorant

La détermination de la cinétique de teinture permet l'étude de la vitesse de montée du colorant sur la fibre textile. De même, ce paramètre permet d'observer la manière de l'évolution du système (montée du colorant sur la fibre) et le mécanisme du procédé de teinture. Par contre, la teinture n'est plus un procédé instantané. Elle comporte plusieurs étapes imbriquées les unes dans les autres. On distingue au début une phase de diffusion de la molécule du colorant dans le bain de teinture vers la surface de la fibre. Ensuite, on assiste à l'adsorption des molécules de colorant à la surface de la fibre et rapidement à un équilibre entre la couche externe de la fibre et la solution.

Il y a deux méthodes d'étude de la cinétique de teinture. Une première méthode consiste à calculer la diffusion du colorant à l'intérieur de la fibre et une deuxième méthode, qui concerne l'ensemble des trois étapes de teinture, revient à mesurer la vitesse globale en déterminant l'évolution de l'épuisement en fonction du temps.

La cinétique de montée du colorant sur la fibre dépend étroitement de certains facteurs :

- La matière textile à teindre ;
- La vitesse de circulation du bain ainsi que le rapport du bain ;
- Le pH du bain de teinture ;
- La concentration des auxiliaires de teinture ;
- La température et le gradient de montée en température.

3.2.2. Equilibre de teinture

La teinture est une opération hétérogène et difficile à contrôler. Pendant cette opération, il est très difficile d'être certain que l'équilibre entre la solution de teinture et la fibre soit atteint. En effet, le colorant peut rester à la surface de la fibre et la solution n'est alors en équilibre qu'avec cette partie externe de la fibre. Pour déterminer l'état d'équilibre, il faut réaliser une série de teintures identiques pendant différentes durées. A chaque fois, on détermine la distribution du colorant entre la fibre et le bain, et on dit que l'équilibre est atteint si aucune modification dans le système ne se produit avec l'augmentation de la durée.

3.2.3. Taux d'épuisement du bain

Le taux d'épuisement est définit par la masse du colorant qui monte sur la fibre rapportée à la masse initiale du colorant introduite dans le bain de teinture.

$$E\% = 100 \frac{C_0 - C_r}{C_0} \qquad \text{Eq. (1.1)}$$

Avec :
- C_0 : est la concentration initiale du colorant
- C_r : est la concentration du colorant dans le bain résiduel de teinture

3.2.4. Taux de fixation du colorant

Le taux de fixation est relatif à la quantité de colorant qui est effectivement liée sur le textile de l'ensemble du colorant épuisé. Il est déterminé en éliminant les quantités de colorant se trouvant libres dans les bains de rinçage et de savonnage. Le taux de fixation est définit comme suit :

$$F\% = 100 \frac{C_0 - C_r - C_f}{C_0} \qquad \text{Eq. (1.2)}$$

Avec :
- C_0 : est la concentration initiale du colorant dans le bain ;
- C_f : est la concentration du colorant dans le bain avant le rinçage ;
- C_r : est la concentration du colorant résiduel dans les bains de rinçage et de savonnage.

3.3. Les colorants du coton

D'une manière générale, les colorants de l'industrie textile peuvent être classés de deux manières distinctes : d'après leur structure chimique (on parle, donc, de classes chimiques) ou selon leur méthode d'application (on parle, donc, de classes tinctoriales). La SDC (Society of Dyers and Colourist) a publié un ouvrage de référence en termes de colorants et pigments[20]. Cet ouvrage se décline en différents volumes et fait l'objet d'une mise à jour régulière. Pour chaque colorant, selon cet ouvrage, il est attribué un nom générique (C.I. Generic Name), incorporant sa classe d'application ainsi qu'un numéro relatif à sa structure chimique (C.I. Number). Ce système de nomenclature développé par la SDC est relativement universel. Il permet une compréhension simplifiée au sein d'un milieu complexe de noms commerciaux historiques et modernes. Egalement, chaque colorant fait référence à des propriétés tinctoriales et à divers fabricants[21].

On s'intéresse dans cette partie de ce livre à détailler les différentes classes tinctoriales des colorants pour les fibres cellulosiques. Cette classification se révèle fort utile pour les ennoblisseurs dont le rôle est de teindre un textile particulier avec la plus grande efficacité. Au sein de chaque classe, les molécules de colorants démontrent une affinité bien déterminée et des propriétés tinctoriales bien définies. Les fibres de coton peuvent être teintes avec une grande variété de colorants parmi les classes tinctoriales suivantes : colorants directs, réactifs, de cuve, au soufre et azoïques.

3.3.1. Les colorants de cuve

Ces colorants sont insolubles dans l'eau et contiennent au moins deux fonctions cétone. Cependant, un processus de réduction permet de les solubiliser via une forme éolique alcaline, dite leuco-soluble. Substitué de groupes énolates, le colorant solubilisé montre une affinité pour la cellulose. L'application des colorants de cuve s'opère en quatre étapes :

- Réduction des colorants en milieu alcalin en leuco-dérivés selon la réaction suivante ;

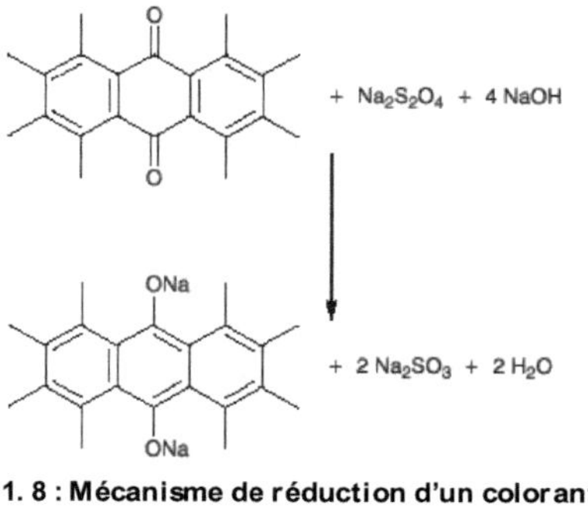

$$\text{[anthraquinone]} + Na_2S_2O_4 + 4\,NaOH \longrightarrow \text{[leuco-dérivé diONa]} + 2\,Na_2SO_3 + 2\,H_2O$$

Figure 1.8 : Mécanisme de réduction d'un colorant de cuve

- Montée et diffusion des leuco-dérivés dans les fibres ;
- Oxydation des leuco-dérivés dans la fibre pour régénérer les colorants de cuves initiales ;
- Savonnage pour obtenir la nuance finale et les meilleures solidités de teinture.

La classe chimique anthraquinone représente approximativement 80 % des colorants de cuve et correspond aux produits les plus utilisés dans chaque gamme de couleur.

3.3.2. Les colorants au soufre

Ces colorants ont une structure indéterminée et sont constitués d'un mélange d'espèces chimiques différentes. Leur forme insoluble contient le groupe caractéristique disulfure S-S. Elle peut être réduite sous la forme soluble alcaline (leuco-dérivés). Cette forme montre une affinité pour la cellulose et l'application des colorants au soufre est un processus en trois étapes. Le mécanisme réactionnel de teinture avec ces colorants peut être, schématiquement, représenté comme suit :

$$R\text{-}S\text{-}S\text{-}R \underset{\text{Oxydation}}{\overset{\text{Réduction}}{\rightleftarrows}} 2R\text{-}SH \underset{\text{hydrolyse}}{\overset{\text{Alcali}}{\rightleftarrows}} 2R\text{-}SNa + 2H_2O$$

3.3.3. Les colorants directs

Ces colorants peuvent se définir comme des colorants anioniques avec une affinité pour les fibres cellulosiques, appliqués dans un bain aqueux contenant un électrolyte. Les forces qui s'opèrent entre le colorant direct et la cellulose sont des ponts hydrogènes, des forces dipolaires et des interactions hydrophobiques, dépendant de la structure et de la polarité du colorant. L'ajout d'électrolyte permet de surpasser les répulsions à longue distance entre le colorant de type anionique et la surface négative de la cellulose pour assurer la formation de ponts hydrogène à courte distance. Ces ponts assurent l'adsorption via les groupes hydroxyles de la cellulose et favorisent la rétention lorsque les centres électronégatifs de la molécule de colorant sont substitués d'atomes d'hydrogène (comme =N-NH-, -NH_2-CONH-, OH et -SH).

Plusieurs points d'accroche sont importants, la linéarité et la planéité de la structure moléculaire sont donc des aspects recherchés. Des traitements ultérieurs permettent d'éviter la désorption du colorant, dont le processus de fixation est réversible.

3.3.4. Les colorants azoïques

Ces colorants sont en relation avec les colorants azo et leur structure chimique est parfois identique, bien qu'ils soient appliqués de manière radicalement différente. Le colorant azoïque insoluble, présent dans la fibre, nait d'un couplage entre une arylamine diazotée (azoic diazo component) et un naphtol (azoic coupling component). Ces colorants sont solides et économiques dans la gamme de couleur orange à rouge. Toutefois, l'avènement des colorants réactifs a supplanté cette classe de colorants plus coûteux.

3.3.5. Les colorants réactifs

Les colorants réactifs sont les plus utilisés pour la teinture des articles en coton. Ces colorants présentent dans leurs structures chimiques un (ou plusieurs) groupement(s) réactif(s) capable(s) de former une liaison chimique stable et solide avec les fonctions hydroxyles de la cellulose. Cette liaison est de type covalente et permet à la teinture d'être solide à un certains nombres d'agressions extérieurs.

3.4. Aspects physico-chimiques de la teinture

Normalement, la teinture est une opération qui consiste à faire adsorber les molécules du colorant par la fibre puis les faire diffuser à l'intérieur de la matière textile. Elle est une réaction hétérogène et il est, généralement, difficile d'être certain que l'équilibre soit atteint. En effet, les molécules des colorants peuvent rester à la surface de la fibre et la solution n'est, alors, en équilibre qu'avec cette partie externe du textile.

L'équilibre est atteint lorsqu'aucun changement dans le système de distribution du colorant entre la fibre et le bain de teinture ne se produit avec l'augmentation de la durée.

Ce paramètre « équilibre du système de distribution » est fonction du temps de teinture et de la température d'application. En effet, il faut déterminer le temps de teinture minimal nécessaire pour faire l'épuisement du bain et être compatible avec l'établissement du vrai équilibre. De même, il est très important de déterminer la température optimale permettant d'atteindre l'équilibre sans influencer le rendement.

3.4.1. Le mécanisme d'adsorption

Le phénomène d'adsorption est le résultat de l'interaction d'une molécule libre (l'adsorbat) avec une surface (adsorbant). L'adsorption est un phénomène de nature physique ou chimique. Il dépend à la fois de cette interface et des propriétés physico-chimiques de l'adsorbat.

Afin d'être correctement adsorbée sur le textile (adsorbant), une molécule de colorant (adsorbat) va passer par quatre étapes :

- Diffusion de l'adsorbat de la solution liquide externe (le bain de teinture) vers celle située au voisinage de la surface de l'adsorbant.
- Diffusion extra-volume de la matière (transfert du soluté à travers le film liquide vers la surface du textile).

- Transfert intra-volume de la matière (transfert de la matière dans la structure poreuse de la surface extérieure de la matière textile à teindre vers les sites actifs).
- Réaction d'adsorption au contact des sites actifs, une fois adsorbée, la molécule est considérée comme immobile.

a. La chimisorption : Adsorption chimique

Dans ce cas d'adsorption, il y a formation d'une liaison ou plusieurs liaisons chimiques covalentes ou ioniques entre l'adsorbat et l'adsorbant. La chimisorption est généralement irréversible et les molécules ne peuvent pas être accumulées sur plus d'une monocouche. Les énergies d'interaction, dans ce cas, sont élevées (de 40 kJ à 400 kJ) et la distance entre la surface et la molécule adsorbée est plus courte que dans le cas de la physisorption.

b. La physisorption : Adsorption physique

Dans ce cas d'adsorption, les interactions entre les molécules du soluté (adsorbat) et la surface du textile (adsorbant) sont assurées par des forces électrostatiques (type dipôles), liaison hydrogène ou de Van der Waals. Les molécules s'adsorbent sur plusieurs couches (multicouches) avec des énergies d'adsorption souvent inférieures à 20 Kcal/mol.

c. L'ordre de la cinétique d'adsorption

L'adsorption est un phénomène complexe au cours duquel des solutés nommés adsorbats se présente dans une phase liquide (dans le cas de teinture) viennent se fixer sur une surface interne d'un solide poreux (le textile dans notre cas d'étude). La relation adsorbant – adsorbat peut être schématisée de la manière suivante :

$$\underset{\text{Adsorbant}}{\text{Tex}} + \underset{\text{Soluté}}{\text{Col}} \rightleftarrows \text{Tex Col}$$

Plusieurs formalismes sont donnés dans la littérature pour décrire la cinétique d'adsorption. Nous avant utilisé dans cette étude, les lois cinétiques du premier et du deuxième ordre[22].

- **_Modèle de pseudo-premier ordre_**

L'équation du modèle cinétique de pseudo-premier ordre est de la forme suivante:

$$\frac{dq_t}{dt} = K_1 (q_\infty - q_t) \qquad \text{Eq. (1.3)}$$

Avec

- q_∞ et q_t en (g/kg ou mg/g) : représentent respectivement les quantités de colorants adsorbées à l'équilibre et à un temps « t » et K_1 (kg g^{-1} min^{-1}) constant cinétique de la réaction d'adsorption.

La forme linéaire de ce modèle du premier ordre est donnée par la relation mathématique suivante :

$$\mathrm{Ln}\,(q_\infty - q_t) = \mathrm{Ln}\,(q_\infty) - K_1\, t \qquad \text{Eq. (1.4)}$$

- **Modèle de pseudo-second ordre**

L'équation du modèle cinétique de pseudo-second ordre est de la forme suivante :

$$\frac{dq_t}{dt} = K_2 (q_\infty - q_t)^2 \qquad \text{Eq. (1.5)}$$

Avec :

- q_∞ et q_t en (g/kg ou mg/g) : représentent respectivement les quantités de colorants adsorbées à l'équilibre et à un temps « t » et K_2 (kg g^{-1} min^{-1}) constant cinétique de la réaction d'adsorption.

La forme linéaire de ce modèle de second ordre est donnée par la relation mathématique suivante :

$$\frac{t}{q_t} = \frac{1}{K_2 q_\infty^2} + \frac{1}{q_\infty} t \qquad \text{Eq. (1.6)}$$

- **Modèle de diffusion intra-particulaire**

Le modèle de diffusion intra-particulaire est utilisé afin de déterminer le phénomène limitant le mécanisme d'adsorption[23]. L'expression de ce modèle est donnée par la relation suivante :

$$q_t = K_{int}\, t^{1/2} \qquad \text{Eq. (1.7)}$$

Avec :

- q_t en (g/kg ou mg/g) : représente la quantité adsorbée par unité de masse d'adsorbant au temps t ;
- K_{int} (g kg^{-1} min$^{-1/2}$) constante de vitesse de diffusion intra-particulaire.

3.4.2. Les isothermes d'adsorption

Il est essentiel de bien connaître les propriétés d'équilibre adsorbat - adsorbant pour pouvoir concevoir et dimensionner correctement les procédés d'adsorption. En effet, quand une solution est mise en contact prolongé avec un solide, on atteint un équilibre thermodynamique entre les molécules adsorbées et celles présentes en phase liquide. Ce sont les courbes isothermes qui décrivent la relation existante à l'équilibre d'adsorption entre la quantité adsorbée et la concentration en soluté dans un solvant donné à une température constante.

L'isotherme d'adsorption exprime la quantité du colorant adsorbée par unité de masse du textile (Q_e) en fonction de la concentration dans la phase fluide à l'équilibre (C_{eq}). Ainsi, chaque point d'une isotherme est obtenu par l'équation suivante :

$$Q_e = \frac{(C_0 - C_{eq})}{m_{tex}} V \qquad \text{Eq. (1.8)}$$

- Q_e est la quantité adsorbée du colorant sur le textile par g de textile (mol (ou g)/g(ou kg) textile) ;
- C_{eq} est la concentration du colorant dans la solution à l'équilibre (mol (ou g)/L) ;
- C_0 est la concentration initiale de l'espèce colorante (mol (ou g)/L) ;
- V est le volume de solution introduit au départ (L) ;
- m_{tex} est la masse de l'échantillon de l'étoffe textile (g ou kg).

Ainsi, en faisant varier la concentration initiale de la solution introduite et en conservant une masse de colorant et un volume de liquide fixe (ou inversement), on obtiendra une courbe représentative de l'efficacité de l'adsorption pour chaque colorant. Il s'agit, ensuite, de trouver des modèles mathématiques qui permettront de bien représenter les isothermes obtenues dans la plupart des cas expérimentaux. Pour interpréter les données expérimentales, les équations des isothermes d'adsorption des colorants utilisables sont basées sur l'un des trois mécanismes d'adsorption en teinture : isotherme de Nernst, isotherme de Freundlich et isotherme de Langmuir.

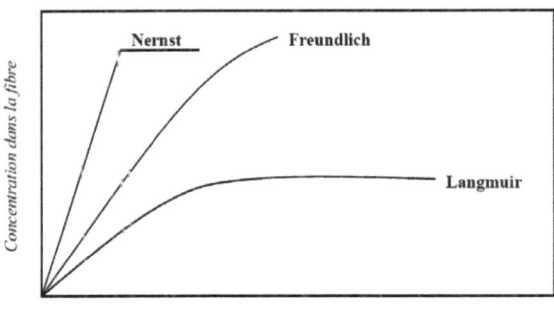

Figure 1. 9 : Les différentes isothermes d'adsorption des colorants

a. L'isotherme de Langmuir

Cette isotherme caractérise l'adsorption mono-moléculaire sur des sites spécifiques de la fibre textile. Selon les hypothèses de Langmuir, dans ce cas de teinture, le nombre de sites de fixation du colorant par adsorption est limité et tous les sites sont identiques. A partir d'un certain temps, les molécules du colorant occupe tous les sites spécifiques qui seront saturés et incapables d'adsorber plus. On assiste, donc, à un phénomène de saturation. Cette isotherme est décrite par l'équation suivante[24,25] :

$$Q_e = \frac{aC_0 C_{eq}}{1+aC_{eq}} \qquad \text{Eq. (1.9)}$$

Avec

- a : constante d'adsorption de Langmuir (L/mg ou L/g) ;
- C_0 : Concentration de saturation du colorant sur les sites actifs de la fibre textile ;

b. L'isotherme de Freundlich

Cette isotherme est utilisée dans le cas de formation possible de plus d'une monocouche d'adsorption des molécules de colorant sur la surface et les sites spécifiques hétérogènes de la fibre textile avec des énergies de fixation différentes. Cette isotherme est décrite par l'équation suivante[26] :

$$Q_e = K_f C_e^{1/n} \qquad \text{Eq. (1.10)}$$

Avec : Q_e est la concentration en colorant à l'équilibre sur l'adsorbant, C_e est la concentration en colorant à l'équilibre en solution, K_f est la constante d'adsorption de freundlich qui indique la capacité de sorption de l'adsorbant et n est le facteur d'hétérogénéité qui dépendant de la nature de l'adsorbat et de la température.

c. L'isotherme de Nernst

Cette isotherme est utilisée dans le cas spécifique des colorants dispersés dans les fibres synthétiques. C'est une isotherme particulière qui correspond à la dissolution du colorant dans la fibre. En effet, il s'agit d'un « gel solide » qui traduit un mécanisme de solution du colorant dans la fibre dont l'équation s'écrit[27] :

$$Q_e = KC_e \qquad \text{Eq. (1.11)}$$

Avec : Q_e est la concentration en colorant à l'équilibre sur l'adsorbant, C_e est la concentration en colorant à l'équilibre en solution et K est le coefficient de partition qui mesure l'affinité du colorant pour la fibre.

3.5. Technologie de teinture

La teinture des textiles peut être effectuée au cours de n'importe quel stade de fabrication de sorte que les procédés de coloration suivants sont possibles :
- Teinture en bourre ;
- Teinture sur ruban peigné : les fibres sont disposées en mèches légèrement retordues avant teinture ;
- Teinture sur fil ;
- Teinture des structures surfaciques (par exemple tissus, tricots et non tissés) ;
- Teinture des produits finis (articles confectionnés, moquettes, tapis de salle de bain, etc.)

D'une manière générale, la teinture peut être réalisée en discontinu, à la continue ou en semi-continu. Le choix du procédé convenable dépend de la structure du textile à teindre, de la classe du colorant choisi, du matériel disponible dans l'atelier de teinture et des coûts du procédé.

3.5.1. Teinture en discontinu (par épuisement)

La teinture en discontinu, appelée aussi teinture par épuisement, consiste à mettre une masse bien déterminée du textile dans une machine de teinture et amenée à l'équilibre avec une solution contenant une concentration du colorant et les produits auxiliaires de teinture pendant un temps bien déterminé.

Le procédé de teinture par épuisement commence par l'adsorption du colorant à la surface de la fibre, puis il commence à diffuser et migrer à l'intérieur de la fibre dans les volumes libres. L'utilisation de produits chimiques (sel, carbonate et soude) et de températures contrôlées accélère et optimise l'épuisement et la fixation (respectivement vitesse et taux) du colorant.

La teinture, d'une manière générale, nécessite une agitation permanente pour avoir une régularité du résultat. Ceci nous permet de diviser les machines en trois catégories :
- Machines où l'agitation résulte seulement du mouvement du textile dans le bain (*matière en mouvement – bain immobile*). Par exemple :
    - cas des écheveaux : les machines à guindres ;
    - cas des étoffes tissées ou tricotées : les barques et les étoiles, les Jiggers, les cuves à parcours (roulettes), les foulards d'imprégnations.

- Appareils où l'agitation résulte seulement d'une circulation du bain à travers le textile immobile (*matière immobile - bain en mouvement*). Par exemple :
  - Les machines à circulation : pour les bourres, les filés en bobines ou en écheveaux libres ou en paquets, les étoffes enroulées sur ensouples.
- Machines où l'agitation combine la circulation du bain et le mouvement du textile (*matière en mouvement - bain en mouvement*). Dans ce cas, le tissu est mis en mouvement grâce au bain par l'emploi de tuyères. Suivant le type de tuyères on distingue des machines de JET ou Over Flow.
  - Les JET : tuyères avec grande vitesse de circulation de bain grâce à une haute pression des pompes.
  - Les Over Flow : tuyères à principe de débordement grâce à des pompes à faible pression.

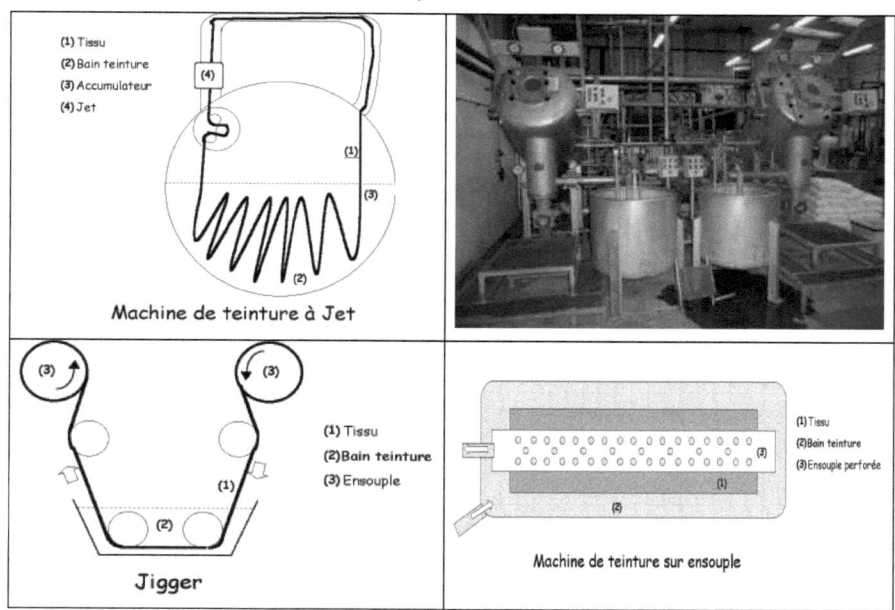

Figure 1. 10 : Les machines de teinture du coton par épuisement

3.5.2. Teinture à la continue ou en semi-continu

Dans les procédés de teinture des textiles de grand métrages à la continue ou en semi-continu, le bain de teinture est, généralement, appliqué au support textile par imprégnation dans des foulards. Les supports textiles sont introduits au large à travers une cuve contenant la solution de colorant. Le support absorbe une quantité bien déterminée de colorant avant de quitter la cuve, puis il est exprimé à travers des rouleaux d'exprimage pour contrôler le taux d'emport. L'excédent de colorant éliminé par exprimage coule en retour dans le bain de teinture.

Parmi les procédés de teinture du coton en semi-continu, on cite le procédé Pad-Batch à froid qui est le plus important et le plus utilisé pour les colorants réactifs. Ce procédé comprend une étape d'imprégnation par foulardage. Après exprimage, l'étoffe est enroulée sur un mandrin et stockée à température ambiante. Le rouleau est maintenu en rotation à faible vitesse jusqu'à la fin de la réaction de la fixation des colorants. Egalement, dans cette technique d'application, on trouve le procédé Pad-Roll. Ce procédé, utilisé pour la teinture du coton, est presque identique que le procédé Pad-Batch. La seule différence réside dans l'étape de stockage. Dans ce cas, l'étoffe est enroulée sur un mandrin et stockée à chaud. Le temps de stockage sera donc beaucoup plus court.

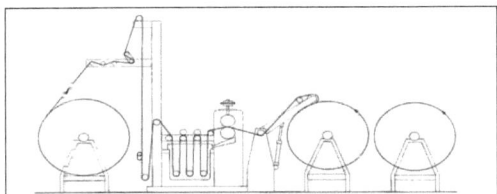

Figure 1.11: Schéma d'une installation Pad-Batch

Dans les procédés de teinture à la continue, le foulardage (l'application du colorant), la fixation et les traitements de finition (le lavage et le séchage) sont effectués sur la même ligne. L'étape de fixation est couramment effectuée soit par chaleur sèche (pad-dry thermofix) soit par vapeur (pad-steam). Les procédés de teinture du coton à la continue les plus utilisés sont :

- Procédé Pad-Steam Il s'agit d'appliquer le colorant par foulardage, de faire un séchage intermédiaire, d'appliquer l'alcali par foulardage, de fixer le colorant au moyen de la vapeur saturée dans un vaporisateur, de laver le produit et finalement de faire un séchage ;

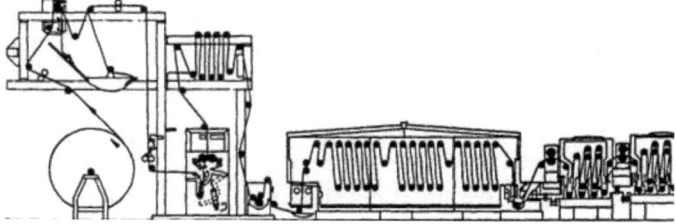

Figure 1. 12 : Schéma d'une installation Pad-Steam

- Pad-Dry Thermofix : Dans ce procédé, le colorant et l'alcali sont foulardés, en même temps, dans la même cuve. Ensuite, la matière textile peut être séchée et fixée en une seule phase ou elle peut être fixée thermiquement après une phase de séchage intermédiaire.

Dans tous les cas de teinture du coton à la continue ou en semi continu, après fixation du colorant, le textile est soigneusement lavé dans une laveuse au large ou en boyau afin d'éliminer complètement le colorant non fixé, puis ensuite séché.

4. Conclusion

Dans ce premier chapitre, nous avons exposé, dans la première partie, une présentation théorique des fibres du coton, en mettant en particulier l'accent sur la composition chimique, les propriétés physiques et chimiques, les impuretés types qu'elles contiennent, etc....

Dans la partie suivante, nous avons cité les différents traitements de préparation de ces fibres sous ses différentes structures. A la suite de quoi, nous avons présenté les différentes classes des colorants utilisés dans la teinture du coton. Pour, ensuite, mettre en évidence quelques notions, théories et fondements des teintures directe et réactive, ainsi que les techniques et procédés permettant d'appliquer correctement ces colorants sur le coton.

Chapitre 2 :
Teinture directe du coton

Chapitre 2

Teinture directe du coton

La teinture directe est appliquée sur les articles de coton sous différentes formes (fils, tissus, tissus à mailles). C'est une opération qui consiste à mettre en contact la fibre cellulosique et le colorant direct dissous dans l'eau et à réchauffer le tout jusqu'à la température demandée. Cette teinture est largement utilisée dans l'industrie textile. Elle peut être un bon marché à cause de son application facile, de la disponibilité d'une large palette de coloris et du prix modéré des colorants directs, etc.

Dans ce deuxième chapitre, on expose, dans un premier temps, en détail quelques fondements et notions théoriques sur les colorants directs, en mettant en particulier l'accent sur les caractéristiques de ces colorants, les différentes classes disponibles, le mécanisme de teinture du coton avec ces colorants et les différents procédés d'application.

Ensuite, nous présentons une étude expérimentale qui concerne la détermination de la vitesse de teinture directe et le calcul des coefficients de diffusion apparente. Cette étude permet de répondre aux questions des industriels concernant l'optimisation des procédés de teinture, la réduction des problèmes de mauvais unisson et le choix des colorants compatibles pour la réalisation des trichromies.

A. Présentation des colorants directs

1. Caractéristiques des colorants directs

Les colorants directs sont des colorants de synthèse utilisés, principalement, pour la teinture des fibres cellulosiques. Ces colorants sont appelés aussi colorants substantifs. Ce sont des colorants anioniques à caractère électronégatif plus faible que les colorants acides. Ils se distinguent par leur masse moléculaire plus élevés. Ils se fixent, sur la fibre du coton, par une liaison H ou une liaison de type Van der Walls[28]. La figure 2.1 donne une représentation schématique du mécanisme de fixation d'un colorant direct sur la fibre du coton.

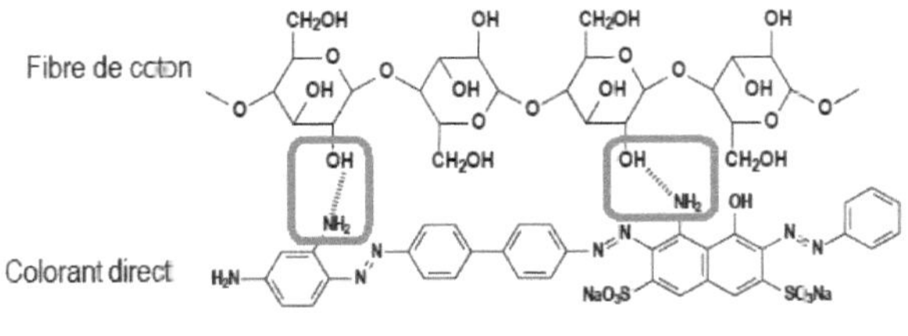

Figure 2.1 : Mécanisme de fixation des colorants directs sur la fibre du coton

2. Classification des colorants directs

Il serait très important de classer les colorants directs en se basant sur les deux notions : affinité tinctoriale et vitesse de teinture. Selon ces deux notions, les colorants directs peuvent être classés en 2 groupes[29] :

- *1er groupe :* dans ce groupe, on trouve les colorants teignant au bouillon. C'est-à-dire que l'affinité tinctoriale de ces colorants atteint son maximum au bouillon ;
- *2ème groupe :* dans ce groupe, on trouve les colorants dont l'affinité tinctoriale atteint son maximum à une température inférieure au bouillon.

Dans ce cas, il serait conseillé de choisir deux colorants qui montent en même temps et qui ont leur maximum d'affinité aux mêmes températures afin d'avoir une bonne reproductibilité de nuances.

La SDC propose une autre manière de classification des colorants directs. En tenant compte de leur pouvoir de migration et de leur sensibilité aux électrolytes, ces colorants peuvent être classés en trois classes[30] :

- *1ère classe:* ce sont les colorants directs qui migrent facilement. Ils ont donc un bon unisson. Par conséquent, ils seront appliqués sans précautions particulières ;
- *2ème classe:* ces colorants sont caractérisés par une migration facile, mais dont l'affinité croît rapidement avec l'augmentation de la concentration du sel. Il faut, donc, ajouter graduellement l'électrolyte en cours de la teinture. Cette classe de colorants est dite sensible au sel ;
- *3ème classe:* ces colorants sont de forte affinité et d'unisson difficile. Il faut, donc, augmenter lentement la température et ajouter graduellement le sel. Cette classe est dite sensible au sel et à la température.

3. Mécanisme de teinture directe

Le coton est une fibre naturelle composée, essentiellement, de cellulose. Elle comporte des zones cristallines et des zones amorphes. Les zones amorphes présentent des micro-canaux dans lesquels l'eau puis le colorant en solution peuvent s'insérer.

Dans les conditions de teinture (fibre à l'état gonflé et surface considérable), les dimensions des micro-canaux augmente considérablement pour atteindre, dans le cas du coton, environ 30 à 50 Angströms. L'accessibilité et l'affinité tinctoriale sont augmentées. Il reste maintenant à vérifier que le colorant puisse être accepté par la fibre et puisse être attiré sur sa surface.

Imprégnée dans le bain de teinture contenant de l'eau, la fibre du coton se charge négativement.

$$\text{Cell} - \text{OH} \xrightarrow{\text{OH}^-} \text{Cell} - \text{O}^-$$

Figure 2.2 : Comportement de la cellulose dans un milieu basique

De même, les colorants directs sont des sels de sodium de molécules chromogènes de formule chimique générale est symbolique suivante :

$$^\ominus\text{O}_3\text{S} - \text{Col}$$

Figure 2.3 : Représentation symbolique du colorant direct en solution

Nous constatons, donc, que la fibre du coton et le colorant direct ont la même charge. De ce fait, il y a donc répulsion et la teinture ne sera pas possible.

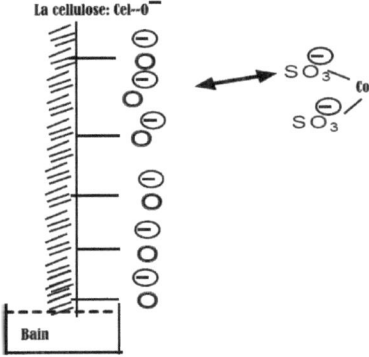

Figure 2. 4 : Représentation symbolique de la teinture directe du coton sans utilisation d'électrolyte

Pour rendre la teinture possible, il faut agir sur la charge de la fibre cellulosique. Pour ce faire, on ajoute dans le bain de teinture le chlorure ou le sulfate de soude. Ce produit est appelé électrolyte, et sa présence à la surface de la fibre provoque un tri entre les ions. En effet, en ajoutant par exemple Na_2SO_4, la fibre chargée négativement rejette les anions SO_4^{2-} et attire les cations Na^+. Au fur et à mesure qu'on s'éloigne de la fibre, un équilibre ionique entre les ions s'établit dans la solution. De ce fait, le colorant à caractère anionique forme à la surface de la fibre une couche mono-moléculaire. Compte tenu de son affinité, il va ensuite diffuser à l'intérieur de la fibre. Cette diffusion sera catalysée par la pression osmotique. Les molécules du colorant dans le bain de teinture seront, par la suite, dirigées vers la surface de la fibre pour remplacer les molécules qui ont été adsorbées puis absorbées.

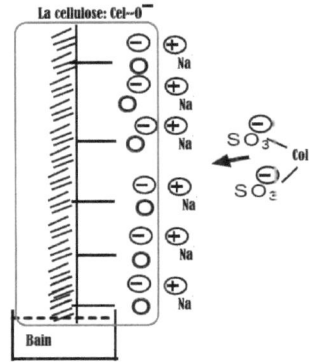

Figure 2. 5 : Mécanisme de teinture directe du coton en présence d'électrolyte

Les colorants diffusés à l'intérieur de la fibre se fixent sur la cellulose par des liaisons hydrogène et Van der Waals.

4. Sensibilité de la teinture directe

Dans ce paragraphe, nous présentons la sensibilité des colorants directs aux paramètres du bain et aux conditions de teinture.

- *A l'électrolyte :*

L'influence du sel sur la qualité de teinture varie d'un colorant direct à un autre. En effet, l'influence de ce paramètre est liée au degré de sulfonation du colorant utilisé.

- *Au pH :*

Le pH du bain de teinture influe sur l'affinité de certains colorants directs. En effet, la plupart des colorants directs sont appliqués dans un bain neutre. Par contre, d'autres nécessitent un bain légèrement alcalin pour améliorer l'unisson. Dans ce dernier cas, il faut ajouter une faible quantité de carbonate de soude.

- *A l'eau dure :*

La plupart des colorants directs sont insensible jusqu'à un TH de 5°F. D'une manière générale, il y on a des colorants directs plus sensibles que d'autres. Il faut, donc, étudier la sensibilité du colorant avant de l'utiliser.

5. Procédés de teinture directe

Il existe plusieurs procédés de teinture directe. Selon la destination de l'article, la structure présente à l'entreprise, les qualités et les performances demandées par le client, la disponibilité du matériel et la compétence de l'équipe technique de la société, une fiche de production sera préparée et un cycle de traitements sera effectué. Nous présentons, dans la suite de ce paragraphe, un exemple général d'un cycle complet de production dans une entreprise d'ennoblissement du coton pour chaque structure possible[31].

Article 1 : Filé de fibres 100% coton :

Dans cet exemple, on va décrire les différents traitements de préparation, de teinture et de finissage qu'on peut les appliqués sur un support linéique en 100% coton. Les étapes de base nécessaires à la production d'un fil teint de qualité acceptable sont présentées, schématiquement, dans le graphique suivant que l'on appelle, d'une manière générale, « procédé d'ennoblissement » (c'est-à-dire le prétraitement, la teinture, le finissage, y compris le lavage, les rinçages et le séchage). Pour chaque traitement, on donne les éléments de base nécessaires pour son bon déroulement.

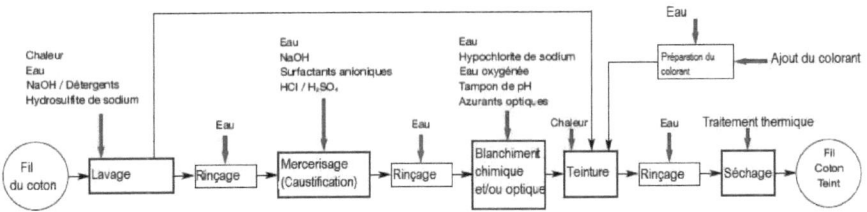

Figure 2.6 : Exemple d'un procédé d'ennoblissement complet d'un fil 100% coton

Article 2 : Une structure tissée 100% coton :

De la même manière que précédemment, on présente, sur la figure suivante, les différentes étapes de base nécessaires à la teinture et à la reproduction des coloris de qualité acceptable sur des tissus 100% coton.

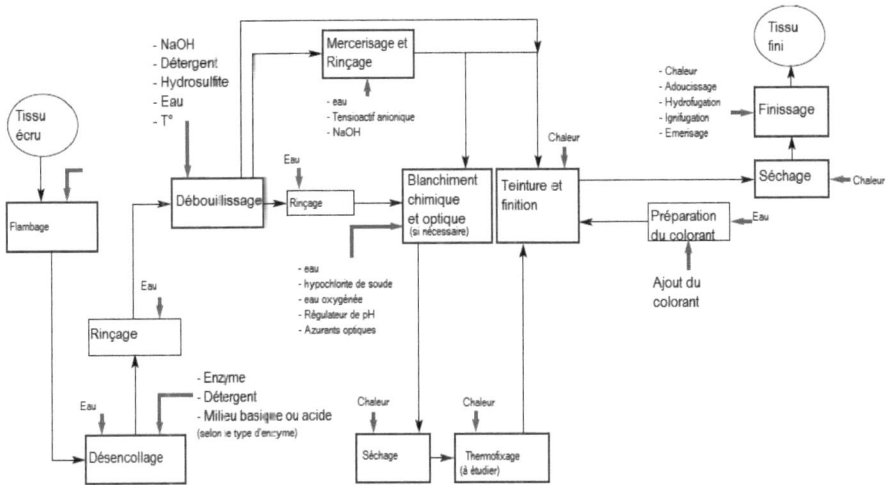

Figure 2.7 : Exemple d'un procédé d'ennoblissement complet d'un tissu 100% coton

Article 3 : Une structure tricotée 100% coton :

Pour les structures tricotées, la figure suivante présente les différentes étapes de base nécessaires à la teinture et à la reproduction des coloris de qualité acceptable.

Teinture directe du coton

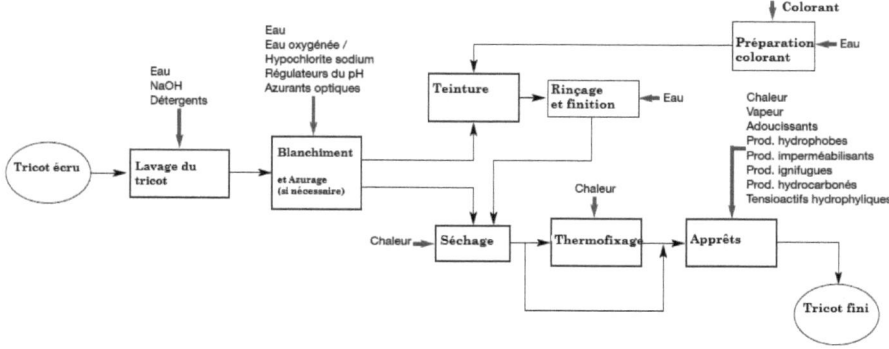

Figure 2. 8 : Exemple d'un procédé d'ennoblissement complet d'un tricot 100% coton

B. Etude de la cinétique de teinture directe

L'étude de la cinétique de teinture permet d'aider les industriels et les spécialistes dans ce domaine de mettre en place un procédé optimal ou encore d'optimiser le procédé déjà existant. Il existe plusieurs méthodes pour étudier ce phénomène.

1. La vitesse de teinture

La vitesse de teinture est définit comme étant la vitesse avec laquelle le colorant quitte le bain pour monter sur la fibre textile. Elle est, généralement, influencée par les conditions de teinture et la nature de la matière textile à teindre.

1.1. Détermination de la vitesse de teinture

L'étude de la vitesse de teinture passe par la détermination de la masse du colorant absorbé par unité de temps. Elle s'exprime souvent en pourcentage d'épuisement du bain[32].

Pratiquement, afin de mesurer correctement cette vitesse, le teinturier peut déterminer le temps de demi-teinture.

Le temps de demi-teinture correspond au temps nécessaire pour épuiser, dans des conditions de teinture bien définie, la moitié du colorant monté à l'équilibre. La détermination de ce paramètre permet de comparer quantitativement les cinétiques des colorants.

1.2. Etude de cas

Nous présentons, dans ce paragraphe, un exemple d'étude de la cinétique de teinture directe du coton. Nous avons opté pour la méthode de détermination de l'évolution de l'épuisement du bain en fonction du temps.

1.2.1. Matières textiles et colorants

Dans cette étude, les différentes teintures directes ont été effectuées sur un tissu 100% coton et dont les caractéristiques sont regroupées dans le tableau 2.1 :

Tableau 2.1 : Caractéristiques de tissu objet de l'étude

Armure	Sergé de 3
Duitage	40
Compte chaine	35
Masse surfacique	260 g/m²
Epaisseur	0.45 mm

Avant d'exécuter la teinture, le support textile doit être préparé afin d'éviter les problèmes de mauvais unisson, de tâches ou de nuance défectueuse qui sont souvent les conséquences d'une mauvaise préparation de la matière, d'un mauvais choix du colorant ou d'une technique de teinture qui n'est pas adaptée au colorant en question.

Pour avoir une nuance uniforme, le tissu doit être doté d'une capacité d'absorption uniforme. D'où la nécessité d'éliminer les impuretés, les cires et les matières grasses que contient le tissu brut.

Le tissu, sur lequel on a effectué notre étude, a été préparé au sein d'une entreprise de teinture et de finissage. Le désencollage et le débouillissage en présence de peroxyde d'hydrogène sont les deux traitements de préparation qui ont été réalisés sur ce tissu.

Dans notre cas, afin d'éliminer la colle à base d'amidon, le tissu est traité dans le bain suivant :

- RdB = 1:10 ;
- 5 mL/L de Biolase PCL 50 ;
- 2.5 mL/L de mouillant ;
- 1 mL/L d'acide acétique à 30%.
- La température est de 65°C pendant 15 minutes.

Pour effectuer le traitement de débouillissage en présence de peroxyde d'hydrogène, nous avons traité le tissu dans le bain suivant :

- 1g/L de séquestrant ;
- 1.5 mL/L de Mouillant, Détergent (TANATERGE NWU) ;
- Agents Alcalin : 1.5 mL/L de soude caustique 36°Bé ;
- 4 g/L de carbonate de soude ;

- 2g/L de stabilisateur (Silicate de soude) ;
- Après circulation du bain pendant 10 minutes, on ajoute 5mL/L de Peroxyde d'hydrogène 110 Vol ;
- Chauffage du bain (1,5°C/min) jusque 90°C ;
- Rinçage pendant 15 minutes à l'eau chaude puis à l'eau froide ;

Les colorants utilisés dans cette étude sont récupérés d'une société de teinture du coton. Selon le responsable de production de cette entreprise, ces colorants sont de la famille Solo-phényle. Nous avons étudié, respectivement, un colorant rouge solo-phényle, un colorant bleu solo-phényle et un colorant jaune solo-phényle.

1.2.2. Appareil de teinture

La teinture du tissu objet de l'étude est réalisée sur une machine de teinture de type « AHIBA NAUANCE Top Speed » de Datacolor disponible au sein du laboratoire d'ennoblissement de l'Ecole Nationale d'Ingénieurs de Monastir - Tunisie. Cet appareil de laboratoire est programmable en termes de temps et de température. Elle permet de teindre jusqu'à 12 échantillons à la fois dans les mêmes conditions. Il est composé de douze biberons de teinture de capacité de 250 mL qui sont fixés sur un carrousel en mouvement de rotation réversible.

Le chauffage est assuré par des lampes à rayonnement infrarouge de haut rendement. Une sonde de température installée dans un biberon de référence contenant exactement la même quantité d'eau et de matière que tous les autres biberons permettra à l'appareil de réguler correctement est de mesurer la température de teinture. Normalement, l'appareil de teinture AHIBA NUANCE conduit à des résultats très reproductibles grâce à un réglage précis de la température initiale, du gradient de température et de la durée du processus de teinture. C'est un appareil qui simule assez exactement une teinture industrielle.

Figure 2. 9 : Appareil de teinture du laboratoire : AHIBA NUANCE Top Speed

1.2.3. Appareil de mesure colorimétrique : le spectrophotomètre

Afin de pouvoir calculer l'épuisement, nous avons utilisé un spectrophotomètre de la marque « BIOCHROM ». C'est un appareil qui comporte les éléments suivants :
- Une source de lumière blanche ;
- Un monochromateur composé d'un réseau et d'une fente qui sélectionne un intervalle très étroit de longueurs d'onde autour d'une valeur choisie ;
- Une cuve qui contient la solution à étudier ;
- Un détecteur qui mesure l'intensité lumineuse après la traversée de la cuve.

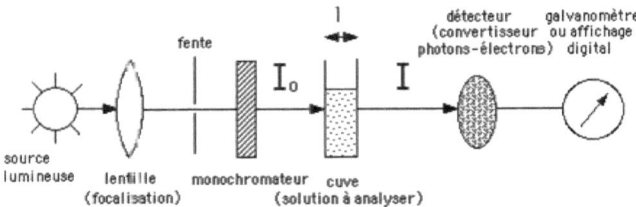

Figure 2.10 : Principe de fonctionnement d'un spectrophotomètre

Le test avec cet appareil consiste à mesurer la quantité de lumière qui est transmise par la solution à étudier dans le domaine de visible. Les courbes produites par le spectrophotomètre indiquent, pour une longueur d'onde donnée, l'absorbance ou la transmittance d'échantillons. La valeur de l'absorbance de la lumière a été prouvée être proportionnelle à la concentration de molécules de colorants absorbées dans la solution par la loi de Beer-Lambert.

D'après cette loi, la lumière absorbée par une solution colorée est proportionnelle à la concentration du colorant dans la solution. Elle est donnée comme suit :

$$A = \log(I_0/I) = \varepsilon \cdot l \cdot C \qquad \text{Eq. (2.1)}$$

Avec :
- A est l'absorbance sans unité ;
- I_0 est l'intensité lumineuse incidente ;
- I est l'intensité lumineuse transmise ;
- ε est le coefficient d'extinction qui dépend de la longueur d'onde.
- l est la longueur du trajet optique ;
- C est la concentration du soluté.

Les conditions de validité de la loi de Beer-Lambert sont les suivantes :
- La lumière utilisée est monochromatique ;
- La concentration n'est pas trop élevée pour que les interactions entre les molécules soient négligeables. En effet, la figure 2.11 montre le domaine de validité de la loi de Beer-Lambert ;

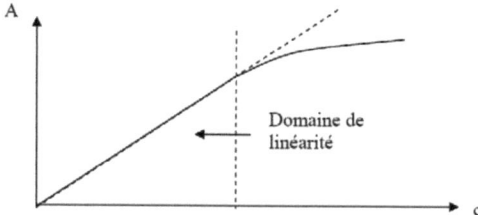

Figure 2. 11 : Domaine de validité de la loi de Beer-Lambet

- La solution n'est pas fluorescente : pas de réémission de lumière dans toutes les directions ;
- La solution n'est pas trop concentrée en sels incolores.

Remarque : La loi de Beer-Lambert est additive, l'absorbance totale est la somme des absorbances des espèces colorées présentes.

1.2.4. Processus de teinture

La teinture est effectuée avec une nuance de 1% et un RdB de 1:40. Le processus utilisé est celui donné par l'entreprise fournisseur des colorants objets de l'étude. Il est donné sur la figure suivante :

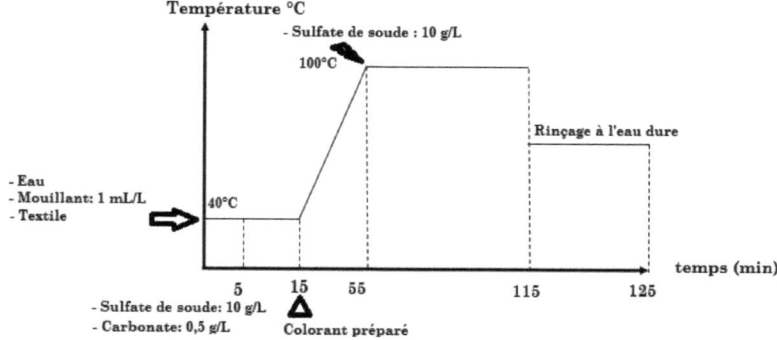

Figure 2. 12 : Processus de teinture directe

1.2.5. Suivi de l'évolution de l'épuisement en fonction du temps

Au cours de l'opération de teinture et après l'ajout du colorant dans le bain, on enlève, chaque 10 minutes, un biberon de l'AHIBA.

Pour chaque biberon, on mesure la valeur de l'absorbance, en utilisant le spectrophotomètre. Ensuite, en se basant sur la courbe d'étalonnage du colorant, on calcule la valeur de l'épuisement. La figure 2.13 représente un exemple de l'évolution de l'épuisement de la teinture directe de notre tissu avec le colorant Bleu solo-phényle.

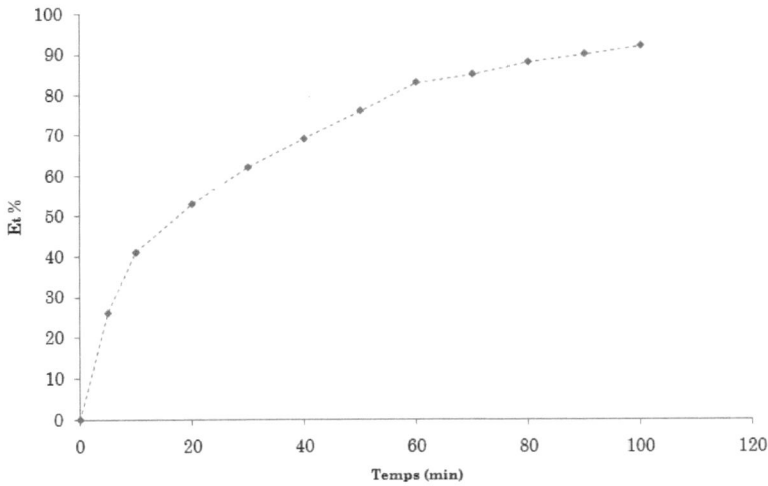

Figure 2. 13 : Evolution de l'épuisement du bain de teinture en fonction du temps (colorant bleu solo-phényle)

A partir de cette présentation graphique, nous pouvons donc déterminer le temps de demi-teinture. Ce paramètre permet de donner au teinturier une information très utile sur la vitesse de montée du colorant et donc de pouvoir comparer quantitativement les cinétiques des différents colorants afin de sélectionner les meilleurs.

Dans la suite de ce paragraphe, nous donnons un exemple de détermination du temps de demi-teinture pour le colorant bleu solo-phényle. Il suffit de déterminer le temps nécessaire pour épuiser, dans les conditions de teinture choisies, la moitié du colorant monté à l'équilibre. Dans ce cas, le $t_{1/2}$ est de 15.5 minutes.

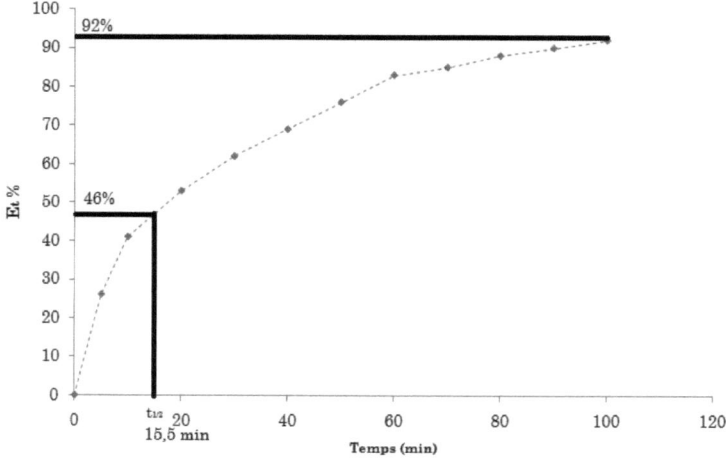

Figure 2. 14 : Détermination du temps de demi-teinture pour le colorant bleu solo-phényle

Pour mieux comprendre l'importance de la détermination de ce paramètre, nous avons pensé à présenter sur la même figure les courbes de l'évolution de l'épuisement de teinture pour les trois colorants directs (le bleu, le rouge et le jaune solo-phényle) utilisés par une entreprise de teinture pour réaliser des trichromies (figure 2.15).

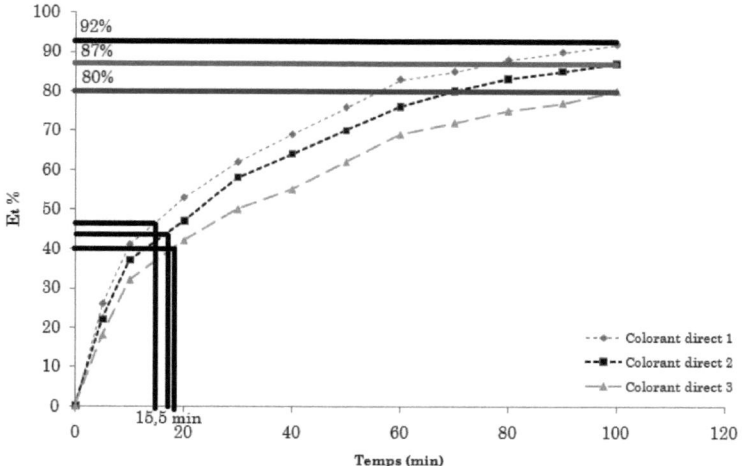

Figure 2. 15 : les temps de demi-teinture des trois colorants directs objets de l'étude

D'après la figure 2.15, nous constatons que les trois colorants utilisés présentent des temps de demi-teinture différents. Pour un teinturier ce résultat n'est pas satisfaisant. En effet, ces trois colorants ne peuvent pas former une bonne trichromie. (Une trichromie est considérée comme bonne, si les trois colorants ont les mêmes temps de demi-teinture et les mêmes taux d'épuisements). Pratiquement, il est difficile de trouver des trichromies aussi parfaites. Cependant, le teinturier peut jouer sur les conditions de teinture (le gradient de montée en température, pH du bain, la façon d'ajouter l'électrolyte...), pour améliorer la vitesse de montée et l'épuisement des colorants choisis.

2. La diffusion des colorants directs

Le coefficient de diffusion du colorant est un paramètre très important. En effet, la dynamique de teinture et par conséquent le résultat final exprimé par la conformité et l'uniformité de la couleur les solidités de la teinture...etc. dépend énormément de ce paramètre. C'est à travers ce coefficient que les facteurs expérimentaux de teinture (température, concentration, RdB, temps de teinture...) agissent sur le résultat final.

La détermination et le suivi de ce paramètre lors de la teinture permettent d'aider les industriels et les spécialistes ainsi que les étudiants et les chercheurs travaillant dans ce domaine de mieux comprendre les propriétés des colorants et le comportement de l'étoffe textile lors de la teinture et donc d'optimiser le processus afin d'avoir des qualités meilleures.

2.1. Détermination du coefficient de diffusion

La montée des colorants directs, lors de la teinture de la cellulose, est normalement contrôlée par la diffusion interne du colorant à l'intérieur de la fibre (fixation du colorant par insertion dans le volume libre de la fibre). Cette théorie de la diffusion de la solution colorée suppose que le mouvement des molécules du colorant direct vers l'intérieur de la fibre est gouverné par la loi de Fick, qui traduit le phénomène de migration de la molécule du colorant du milieu de forte concentration en colorant vers le milieu de faible concentration en colorant[33] Pour décrire le processus de diffusion du colorant direct, nous pouvons, donc, utiliser la deuxième loi de Fick de diffusion donnée par la relation suivante :

$$\frac{\partial C}{\partial t} = D_{eff} \frac{\partial^2 C}{\partial x^2} \qquad \text{Eq. (2.2)}$$

Avec : C, la concentration en colorant du support textile ; D_{eff}, la diffusivité massique, « t », le temps et x, la direction.

En supposant l'uniformité de la distribution de la concentration du colorant initiale, la solution simplifiée de l'équation de Fick proposée par Crank[34] est donnée par la relation mathématique suivante :

Avec :
$$\frac{C_t}{C_{eq}} = CR = \frac{E_t}{E_{eq}} = A\ t^{1/2} \qquad \text{Eq. (2.3)}$$

$$A = \frac{4}{r\sqrt{\pi}}\sqrt{D} \qquad \text{Eq. (2.4)}$$

Où :
r : représente le rayon de la fibre en (m) ;
D : représente le coefficient de diffusion effectif du colorant dans la fibre textile.

Pour calculer le coefficient diffusion du colorant, il suffit de déterminer la pente du graphe donnant l'évolution des valeurs expérimentales de « CR » (Eq.2.3) en fonction de $t^{1/2}$.

2.2. Etude de cas

Nous présentons, dans ce paragraphe, un exemple de détermination du coefficient de diffusion du colorant dans la fibre lors d'une teinture directe du coton.

2.2.1. Matières textiles

Le tableau suivant regroupe les caractéristiques des étoffes utilisées dans cette partie de l'étude.

Tableau 2. 2 : Caractéristiques des étoffes objets de l'étude

N°	Armure	Compte chaîne	Duitage	Epaisseur (mm)	Nm (chaîne)	Nm (trame)
1	Toile	24	18	0.48	38	32
2	Toile	24	23	0.49	38	32
3	Toile	24	29	0.52	38	32
4	Satin Turc	24	29	0.40	38	35

Les supports textiles ont subit les mêmes traitements de préparation que précédemment (désencollage et débouillissage en présence de l'eau oxygénée). De même, nous avons effectué la teinture avec le colorant rouge solo-phényle sur l'AHIBA du laboratoire avec une nuance de 1% et un RdB de 1:40 selon le processus mentionné auparavant. Pour chaque teinture, nous avons effectué 5 essais afin de pouvoir calculer l'erreur expérimentale.

2.2.2. Coefficient de diffusion du colorant et conditions de teinture

Dans un premier temps, nous avons déterminé la valeur de l'épuisement instantané du colorant à chaque dix minutes jusqu'au atteindre l'équilibre (appelé l'épuisement à l'infini). Ensuite, en se basant sur la méthode présentée auparavant dans le paragraphe (B.2.1.), nous avons pu déterminé le coefficient de diffusion effectif du colorant objet de l'étude au sein des tissus utilisés. Un exemple d'étude sur l'échantillon N°1 est donné sur la figure suivante :

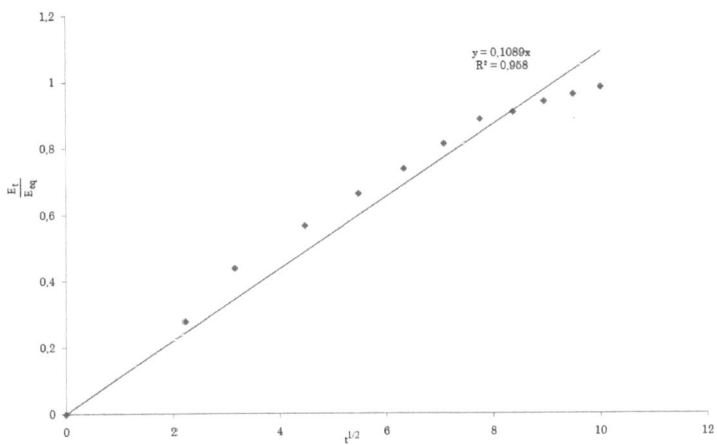

Figure 2. 16 : Evolution du paramètre « CR » en fonction de $t^{1/2}$

Les résultats obtenus (épuisement à l'équilibre et coefficient de diffusion du colorant) pour les tous échantillons objets de l'étude sont comme suit :

Tableau 2. 3 : Influence des caractéristiques de l'étoffe sur l'épuisement et la diffusion

Echantillon N°	E_∞ %	D (cm²/s)
1	92±0.30	0.485±0.0012 10^{-11}
2	90±0.42	0.457±0.0013 10^{-11}
3	86±0.47	0.436±0.0012 10^{-11}
4	94±0.36	0.519±0.0014 10^{-11}

En examinant le résultat regroupé dans le tableau 2.3, nous constatons que l'épuisement du bain de teinture et le coefficient de diffusion du colorant sont influencés par le duitage de l'étoffe :

- Le tissu dont le duitage est le plus faible possède le meilleur épuisement du bain.

- Le coefficient de diffusion est plus accentué dans le cas de tissu de duitage faible. En effet, lorsque la valeur de duitage augmente, le tissu devient plus serré ce qui rend difficile le mouvement du colorant et éventuellement son mode de progression de l'extérieur de la fibre vers l'intérieur.

Dans un deuxième temps, nous avons pensé à étudier l'influence du cycle de préparation sur ce coefficient. Pour ce faire, nous avons réalisé la même teinture sur l'échantillon N°2 suite au désencollage, au débouillissage en présence de l'eau oxygénée et au *mercerisage*. Le résultat obtenu est donné dans le tableau suivant :

Tableau 2. 4 : Influence du cycle du traitement sur l'épuisement et la diffusion

Echantillon N°	E_∞ %	D (cm²/s)
2 (non mercerisé)	90±0.42	0.457±0.0013 10⁻¹¹
2 (mercerisé)	94±0.40	0.517±0.0015 10⁻¹¹

D'après les résultats trouvés, nous constatons que le coefficient de diffusion d'un colorant est étroitement lié aux caractéristiques de l'étoffe à teindre et au cycle de préparation adopté par le responsable de l'atelier de teinture. Pour cela, il est, donc, conseillé de faire des développements des teintures demandées par le client et de chercher, pour chaque article, les conditions optimales permettant de développer la couleur demandée avec le minimum de perte en colorant.

C. Conclusion

Dans ce chapitre, nous avons exposé, dans la première partie, quelques fondements et notions théoriques sur la teinture directe. Nous avons expliqué d'une manière approfondie le mécanisme de teinture et de montée du colorant anionique sur la fibre électrophile. Egalement, nous avons cité les différents groupes de ces colorants, ainsi que les particularités de chacun d'eux.

Dans la deuxième partie, nous avons présenté une étude théorique et expérimentale sur la vitesse de teinture et du coefficient de diffusion de ces colorants. En effet, les colorants directs se fixent dans les volumes libres du coton par des liaisons de faibles énergies. Le phénomène de fixation de ces colorants est lié essentiellement à notion du volume libre dans la fibre. Par conséquent, c'est la phase de migration et de diffusion de la molécule du colorant qui conditionne la qualité de la teinture : l'unisson, la nuance, etc....

Chapitre 3 :
Teinture réactive du coton

Chapitre 3

Teinture réactive du coton

La teinture réactive, destinée essentiellement pour les fibres cellulosiques, est largement utilisée dans l'industrie de finissage du coton. L'article obtenu peut être considéré comme « grand teint ». En effet, la teinture réactive est assez solide aux agressions extérieures. De plus, cette classe de colorant est caractérisée par une application facile et par la disponibilité d'une large palette de coloris vive.

Dans la première partie de ce troisième chapitre, on expose une présentation détaillée de quelques notions théoriques sur les colorants réactifs. Une répartition selon les propriétés chimiques et tinctoriales de ces colorants et une analyse du mécanisme de teinture sont effectuées.

La conformité de la couleur développée à la couleur de l'échantillon validé par le client reste un des majeurs problèmes des teinturiers. Dans l'industrie, le rôle du teinturier est donc de sélectionner les colorants appropriés et à ajuster leurs quantités jusqu'à ce qu'un résultat satisfaisant soit obtenu. En effet, le choix de ces colorants qui dépend de tant de paramètres, est un compromis entre les colorants disponibles au sein de l'entreprise et les considérations économiques. Pour réponde à ces points, nous présentons, dans la deuxième partie de ce chapitre, une méthode quantitative permettant de déterminer l'épuisement de chaque colorant utilisé dans la teinture trichromatique, un modèle mathématique permettant d'analyser le processus d'une teinture réactive afin de mettre en place le procédé de teinture le plus économique et une étude expérimentale, en utilisant la technique des plans d'expériences, qui concerne l'optimisation d'un procédé de teinture réactive.

A. Présentation des colorants réactifs

1. Caractéristiques des colorants réactifs

Les colorants réactifs sont des colorants de synthèse. Ils sont constitués d'une partie chromogène sur laquelle est fixé un (ou plusieurs) groupement(s) réactif(s) destiné(s) à former une liaison chimique stable et solide avec les fonctions hydroxyles de la cellulose.

D'une manière générale, un colorant réactif se présente sous la forme d'une molécule colorée avec un ou plusieurs groupes solubilisant, molécule sur la quelle est greffé un groupe réactif. Schématiquement, le colorant réactif est représenté de la manière suivante[35] :

$$S-Col-C-R$$

Avec :

S : c'est la fonction responsable de la solubilité du colorant réactif dans l'eau ;

- Col : c'est la partie chromophore constitué généralement de composés mono/diazoïques, anthraquinoniques, phtalocyanines, etc...
- C : c'est le groupe de liaison entre le chromophore et le groupe réactif ;
- R : représente le groupement réactif. Elle est caractérisée par leur réactivité. De ce fait, nous trouvons les colorants réactifs à chauds et les colorants réactifs à froids.

Nous trouvons plusieurs systèmes réactifs. Le tableau 3.1 regroupe quelques exemples de systèmes reactifs des colorants disponibles dans l'industrie textile d'ennoblissement.

Les propriétés des colorants réactifs sont conditionnées par la nature du groupe chromophore qui est responsable des solidités des teintures à la lumière, de la vivacité de la nuance et partiellement de l'affinité de la molécule pour la fibre.

La nature du groupe réactif est responsable de la vitesse de la réaction chimique avec la cellulose ainsi que de la vitesse d'hydrolyse, c'est-à-dire de la stabilité des bains.

Réaction 1 :

| Colorant |—CH = CH$_2$ + H$_2$O   → | Colorant |—CH$_2$ - CH$_2$ - OH

Réaction 2 :

| Colorant |— Cl   + H$_2$O   → | Colorant |—OH   + HCl

Tableau 3.1 : Exemples de groupes réactifs

Groupement réactif	Dénomination
[dye]-NH-triazine-Cl,Cl	Groupe dichlorotriazine
[dye]-NH-triazine-Cl,O-R	Groupe Monochlorotriazine
Dye-HN-triazine-F,OCH₃	Groupe Monofluorotriazine
[Dye]-HN-pyrimidine-Cl,Cl,Cl	Groupe Trichloropyrimidine
[Dye]-NH-pyrimidine-Cl,F,F	Groupe Chlorodifluoropyrimidine
[Dye]-SO₂CH₂CH₂-OSO₃Na	Béta-sulfate-éthyl-Sulfone
[Dye]-NH-triazine-F,NH-R	Amino--fluoro-s-triazine

A partir des deux réactions 1 et 2 (ci-dessus), on constate que le site réactif du colorant ne peut plus réagir avec la fibre puisqu'il a déjà réagi avec l'eau. Plus un colorant est réactif, plus il est sensible à l'hydrolyse. Cette hydrolyse est le principal problème des colorants réactifs. Au sein du laboratoire, on peut déterminer la cinétique de la réaction d'hydrolyse. La vitesse d'hydrolyse d'un colorant réactif peut être déterminée par le changement de la couleur lors du chauffage du colorant en présence de l'hydroxyde de sodium. En effet, le composé Col-OH formé lors de l'hydrolyse du colorant étant incolore, on peut donc suivre au spectrophotomètre la disparition du composé initial coloré Col-X.

2. Classification chimique des colorants réactifs

Tous les types des colorants réactifs, disponibles dans l'industrie textile, diffèrent par la nature du groupement réactif. Les plus utilisés sont les mono ou les dichlorotriazines, pyrimidines (dichloro, trichloro ou difluoropyrimidine), vinylsulfones (dérivé de l'oxyéthyle sulfone).

2.1. Les colorants réactifs mono et dichlorotriazines

2.1.1. Les dichlorotriazines

Ce sont les colorants les plus réactifs; grâce aux deux atomes actifs du chlore. La partie chromophore peut être composée du groupement azoïque, antraquinonique ou phtalocyanine. Le pont de liaison liant le chromophore et le groupement réactif est constitué, généralement, du groupe -NH-. Ce maillon –NH- influe sur la solubilité et les propriétés tinctoriales du colorant[36]. Le premier type du colorant réactif synthétisé est le dichlorotriazine dont la structure est schématisée ci-après [14] :

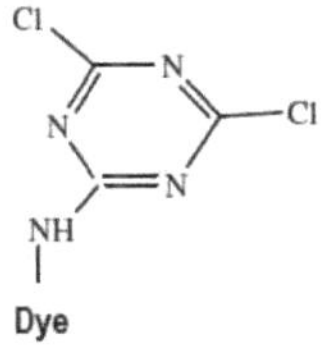

Figure 3. 1 : Partie réactive de type dichlorotriazine

Ces colorants sont caractérisés par leur forte réactivité. Ils peuvent, donc, réagir avec le groupe hydroxyle de la cellulose même à une température très basse (20°C à 30°C).

2.1.2. Les monochlorotriazines

Ces colorants portent un seul atome actif de chlore dans ses parties réactives. Ils sont moins actifs que ceux du dichlorotriazine.

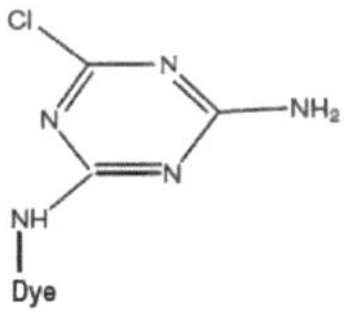

Figure 3. 2 : Partie réactive de type monochlorotriazine

2.2. Les colorants réactifs pyrimidines

2.2.1. Les dichloro et trichloropyrimidine

Ces colorants sont moins réactifs que les mono et les dichlorotriazines. En effet, le chlore porté par le groupement 1,3 diazinique présente moins de réactivité par rapport à celui porté par le groupe triazinique. La fixation de ces colorants sur le groupe hydroxyle de la cellulose nécessite donc une température plus élevée. Néanmoins, ces colorants sont moins sensibles à l'hydrolyse.

2.2.2. Les monofluoropyrimidines

Dans la partie réactive de ces colorants, on trouve le fluor comme substituant actif. L'utilisation du fluor à la place du chlore présente l'avantage d'augmenter la réactivité du colorant.

2.2.3. Les chlorofluoropyrimidine

L'existence des deux atomes du chlore et du fluor augmente sensiblement la réactivité de ces colorants. La température optimale de fixation de ces colorants sur la cellulose est donc entre 40°C et 50°C.

2.3. Les colorants réactifs vinylsulfones

Ces colorants sont composés de β-sulfatoéthylesulfone (SO_2-$(CH_2)_2$-O-SO_3Na). Ce groupement prend la forme passive en milieu acide et neutre. Par contre, il prend la forme dite active en milieu basique selon la réaction suivante :

$$SO_3Na\text{-}Chr\text{-}SO_2\text{-}CH_2\text{-}CH_2\text{-}O\text{-}SO_3Na \xrightarrow[-H_2O]{OH^-} SO_3Na\text{-}Chr\text{-}SO_2\text{-}CH=CH_2 + Na_2SO_4$$

Figure 3. 3 : réaction du groupement β-sulfatoéthylesulfone dans un milieu basique

2.4. Les colorants réactifs bi-fonctionnels

Il s'agit de faire réunir deux fonctions réactives dans la même molécule d'un colorant réactif. Ceci permet d'augmenter le taux de fixation du colorant lors de la teinture des fibres cellulosiques, et de minimiser le taux de désactivation du colorant provoqué par la réaction d'hydrolyse.

Avec ces colorants, il y aura la possibilité de former plus d'une liaison covalente avec les groupes hydroxyles de la cellulose.

Dans cette classe de colorants, on distingue :
- Les colorants homofonctionnels : monochlorotriazine/monochlorotriazine ; vinylsulfone/vinylsulfone ou les monofluorotriazine/monofluorotiazine.
- Les colorants hétérofonctionnels : monochlorotriazine/vinylsulfone ; monofluorotriazine/vinylsulfone ; difluorotriazine/vinylsulfone ... etc.

3. Classification tinctoriale des colorants réactifs

On distingue deux types de colorants réactifs pour coton. Les colorants de grande réactivité (nommés colorants réactifs à froids) pouvant former des liaisons covalentes avec la fibre à température basse, et les colorants de basse réactivité (nommés colorants réactifs à chauds) nécessitant une haute température pour réagir avec la fibre et former, donc, une liaison covalente.

De même, selon leurs propriétés tinctoriales, les différents types de colorants réactifs peuvent être classés comme suit[37] :

3.1. Les colorants réactifs à alcali contrôlé

Ce sont les colorants réactifs de grande réactivité. Cette propriété nécessite un contrôle pendant l'ajout de la base afin d'obtenir un bon unisson. La température de fixation optimale de ces colorants est de 40°C à 60°C.

3.2. Les colorants réactifs à électrolyte contrôlé

Ces colorants sont caractérisés par une faible réactivité. Par contre, ils sont de forte affinité à un pH neutre. Cette grande affinité nécessite un ajout contrôlé du sel pour éviter le problème de mal uni. La température de fixation optimale de ces colorants est de l'ordre de 80°C pour atteindre parfois 100°C.

3.3. Les colorants réactifs à température contrôlée

Ces colorants sont caractérisés par une faible réactivité. Ils sont appliqués à une température de 80°C à 100°C. Ces colorants n'ont pas besoins des adjuvants ou des produits auxiliaires pour faciliter le bon unisson de la teinture. Par contre, cette classe de colorant nécessite une augmentation contrôlée de la température.

4. Mécanisme de teinture réactive

Le procédé typique de teinture des matières cellulosiques par les colorants réactifs, selon le procédé par épuisement, comporte trois phases distinctes[38]. La figure 3.4 présente ces trois phases pour deux colorants réactifs de substantivité différentes.

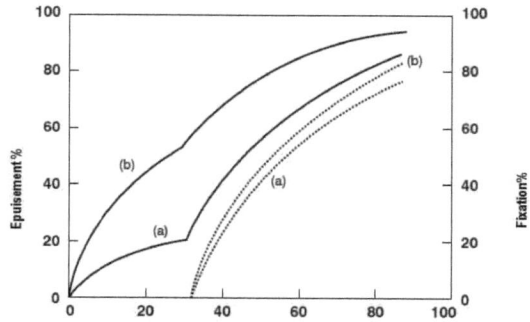

Figure 3. 4 : Courbes d'épuisement (en ligne continue) et de fixation (en pointillés) de deux colorants réactifs (a) de faible substantivité, et (b) de haute substantivité

4.1. Phase 1 : phase d'épuisement primaire

La teinture est lancée dans un bain de pH neutre et ceci pour éviter que le colorant réagisse avec la cellulose. Durant cette phase, une partie du colorant est adsorbée par le textile. Cette quantité adsorbée dépend de la substantivité des colorants envers la matière à teindre. Ce colorant est capable de migrer à l'intérieur de la fibre afin de promouvoir le niveau de teinture.

Le chlorure ou le sulfate de sodium sont présents dès le début de la teinture ou sont ajoutés, progressivement, au bain de teinture pendant cette phase pour pousser l'épuisement du colorant. La température de teinture peut être, également, augmentée graduellement pour améliorer la montée et la pénétration du colorant à l'intérieur de la fibre. Le taux de colorant adsorbé par la fibre du total initialement utilisé est qualifié en tant que la substantivité du colorant envers la fibre.

4.2. Phase 2 : phase d'épuisement secondaire

Après la phase d'épuisement primaire, le pH du bain de teinture augmente suite à l'ajout complet ou graduel du type et de la quantité appropriée de l'agent alcalin. Ceci occasionne la dissociation des groupements hydroxyles de la cellulose et les ions de l'alcali-cellulose résultants commencent à réagir avec le colorant. Ainsi, une quantité additionnelle de colorant est absorbée pour rétablir l'état de l'équilibre chimique. Depuis, l'adsorption du colorant de la solution et la réaction avec les ions de l'alcali-cellulose progressent jusqu'au moment ou il n y'a plus de colorant qui monte sur la fibre.

4.3. Phase 3 : le lavage après teinture

Après la teinture, la matière textile contient : une partie de colcrant qui est absorbée et fixée via une liaison covalente à la chaîne cellulosique, un certain pourcentage de colorant se trouve hydrolysé dans le bain de teinture et une quantité résiduelle de l'agent alcalin et du sel.

Les deux produits auxiliaires de teinture sont faciles à éliminer par des rinçages successifs dans de l'eau froide et tiède par la suite. Ceci rend le traitement de savonnage ultérieur plus efficace puisque le colorant est moins substantif en absence d'électrolyte et la désorption est plus simple. Finalement, le support cellulosique est lavé dans de l'eau bouillante additionné d'un détergent pour éliminer, aussi bien que possible, la quantité de colorant non fixée.

La quantité totale du colorant présente sur le textile à l'issue de ce processus décrit le taux de fixation atteint.

5. Réactivité et substantivité des colorants réactifs

La substantivité et la réactivité diffèrent d'un colorant à un autre. Elles sont fonction de la structure et de la partie réactive du colorant.

Ce sont les colorants dichlorotriazines qui sont les plus réactifs, suivi par les difluoropyrimidines, et les monofluorotriazines. Ensuite, on trouve les vinylsulfones, les bifonctionnels qui sont des colorants de moyenne réactivité. Puis, on trouve les dérivés des chlorotriazines qui sort des colorants de faible réactivité. Finalement, on trouve les trichloropyrimidines qui sont de très faible réactivité.

6. Aspects physico-chimiques de la teinture réactive

La teinture réactive de la cellulose est un traitement physico-chimique basé sur un phénomène de diffusion hétérogène. Melinkov et al[39] divisent le phénomène de teinture réactive de la cellulose en 4 étapes :

- Diffusion des molécules du bain de teinture à la surface de la fibre à teindre ;
- Adsorption des molécules du colorant sur la surface des fibres textiles à teindre ;

- Diffusion à l'intérieur de la fibre et fixation réversible grâce à des liaisons de faibles énergies ;
- Fixation irréversibles des molécules du colorant par la formation de la liaison covalente ;

Ces quatre étapes sont fortement liés aux conditions de la teinture (la température d'application, le pH du milieu, les types et les concentrations des adjuvants), au type du colorant utilisé et à la structure du textile à teindre.

B. Mise en place d'une méthode de suivi d'un procédé de teinture réactive

1. Expérimentations

Dans ce paragraphe, nous avons effectué différentes teintures sur un tissu 100% coton et dont les caractéristiques sont regroupées dans le tableau suivant :

Tableau 3. 2 : Caractéristiques de l'échantillon testé

Armure	Sergé de 3
Duitage	41
Compte chaine	36
Masse surfacique	260 g/m²
Epaisseur	0.46 mm

Le tissu objet de l'étude a été préparé dans une machine industrielle. Il a subit deux traitements de préparation : un traitement de désencollage et un traitement de débouillissage en présence de peroxyde d'hydrogène. Les bains et les procédés de ces deux traitements sont identiques à ceux présentés dans le chapitre 2. B. 1.2.1.)

Les colorants réactifs utilisés dans notre étude sont :

- Le colorant rouge Bezactive S3B ;
- Le colorant bleu Bezactive SGLD;
- Le colorant jaune Bezactive S3R.

Les BEZACTIV S sont des colorants à groupe réactif combiné. Leur avantage primordial est leur très bonne reproductibilité. Le groupe bi-réactif (VS/MCT) leur permet d'être moins sensibles aux variations de paramètres de production tels que l'RdB, la température, l'électrolyte, l'alcali et temps. La combinaison des deux groupes réactifs permet, aussi, dans une large mesure de pallier les points faibles propres à chacun d'eux.

La teinture est réalisée sur la machine de teinture du laboratoire de type « AHIBA NAUANCE Top Speed » de Datacolor décrite dans le chapitre précédent.

Les teintures sont effectuées selon le processus suivant :
- RdB de teinture = 1/40 ;
- Masse de l'échantillon = 5g.

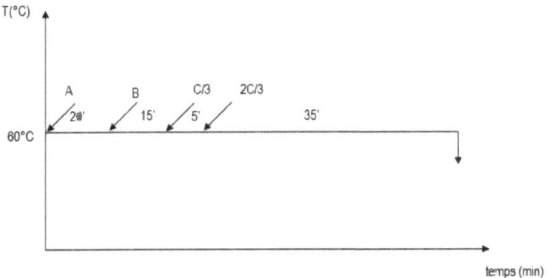

Figure 3. 5 : Processus de teinture effectuée

Avec :
- A : 40 g/L de sel, 1 mL/L de mouillant ;
- B : 1% Colorant ;
- C : 5 g/L de NaOH.

Après teinture, le tissu est neutralisé avec 1 mL/L d'acide acétique pendant 5 minutes à 50°C, savonné à 90°C, rincé à chaud puis à froid.

2. Caractérisation des colorants

Dans ce paragraphe, on vise à caractériser les colorants réactifs utilisés afin de fournir les propriétés tinctoriales et les conditions optimales qui permettront d'effectuer la teinture avec ces colorants tout en garantissant un maximum de rendement colorimétrique et un minimum de perte de colorants qui sont deux paramètres recherchés par tous les industriels. Pour cela, nous avons utilisé le spectrophotomètre de la marque « BIOCHROM » présenté dans le chapitre précédent.

2.1. Courbes spectrales des colorants

Dans cette partie, une concentration de 0,1g/L a été employée pour les divers colorants. Egalement, nous avons ajouté à la solution colorée 10 g/L de carbonate de sodium. Le choix de travailler à un pH basique de l'ordre de 10 se justifie par le fait que la longueur d'onde correspondant à l'absorbance maximale est affectée légèrement par la valeur du pH. On a, donc, choisi de travailler avec cette valeur de pH qui va constituer la valeur avec laquelle on va effectuer la teinture par la suite. Le résultat obtenu est donnée dans la figure suivante :

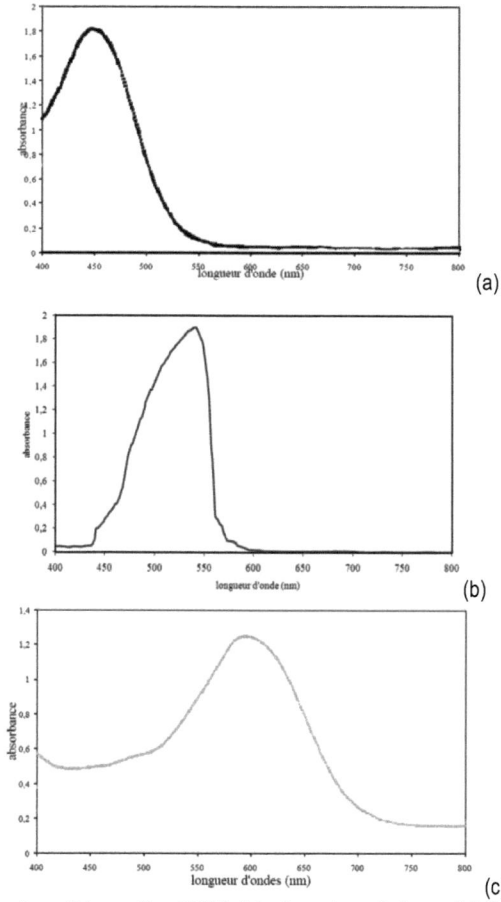

Figure 3. 6 : Les spectres d'absorption UV-Visible des colorants jaune (a), Rouge (b) et bleu (c)

Les courbes spectrales des colorants rouge, bleu et jaune présentent un seul pic qui correspond à l'absorbance maximale du colorant dans les conditions de pH et de température avec lesquelles les mesures ont été effectuées.

Tableau 3. 3 : Longueurs d'ondes maximales des colorants

Colorant	Longueur d'onde maximale (nm)
Jaune	446
Rouge	542
Bleu	622

2.2. Courbes d'étalonnage des colorants

La figure 3.7 montre qu'il y a une corrélation linéaire entre l'absorbance des colorants jaune, rouge et bleu dans les solutions d'étalonnage et leurs concentrations dans les trois longueurs d'ondes : 446nm, 542nm et 622 nm.

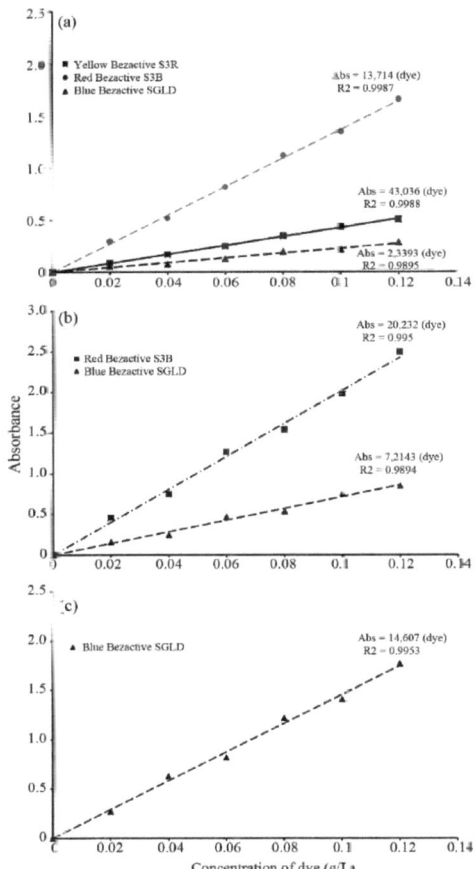

Figure 3. 7 : Courbes d'étalonnages des colorants (a) Longueur d'onde du Jaune « 446 nm », (b) Longueur d'onde du Rouge « 542 nm » et (c) Longueur d'onde du bleu « 622 nm »

3. Etude de la cinétique de teinture et modélisation du processus de l'épuisement

Pour étudier la cinétique de teinture du coton avec un colorant réactif, nous avons tracé l'évolution de l'épuisement du bain en fonction du temps. Le résultat obtenu pour les trois colorants bleu, jaune et rouge est présenté sur la figure 3.8 :

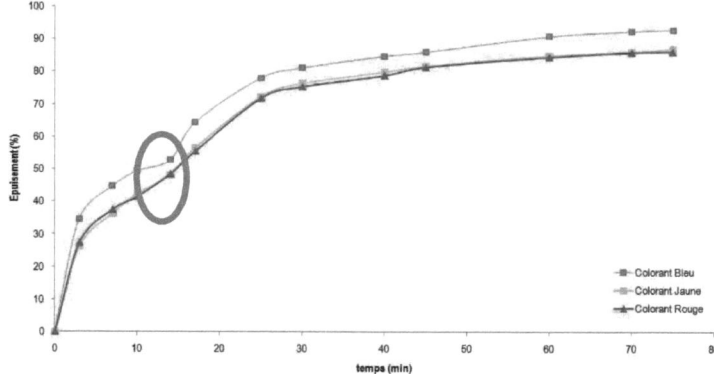

Figure 3. 8 : Cinétique de montée des colorants utilisés (Evolution de l'épuisement en fonction du temps)

L'analyse de l'évolution de l'épuisement en fonction du temps montre l'existence de deux principales phases :
- Adsorption des molécules du colorant sur la surface du textile et diffusion à l'intérieur de la fibre avec la possibilité d'une fixation réversible (interactions de Van der Walls et liaison hydrogène) : Cette première étape s'effectue en milieu neutre ;
- Fixation irréversible des molécules du colorant par la formation des liaisons de types covalente en milieu alcalin (après ajout de la base).

Ces deux phases de teinture sont très remarquables dans l'allure des courbes présentées dans la figure 3.8. A partir du temps égale à zéro minute (temps de l'ajout du colorant) jusqu'à la 15ème minute du processus de teinture (temps d'ajout de la base), nous observons une première allure de la courbe. En effet, la solution du colorant pénètre dans la surface interfibreuse du tissu déjà mouillée et commence à s'adsorber sur les fibres cellulosiques. Parallèlement à ce phénomène (adsorption), les molécules adsorbées diffusent à l'intérieur de la fibre dans les micropores qui s'ouvrent d'avantage grâce au phénomène de gonflement. Cette diffusion est favorisée par l'agitation du bain bien adoptée (les biberons sont en mouvement de rotation de 45 tr/min). La cinétique d'adsorption du colorant, pendant cette première étape, est gérée par l'électrolyte mis dans le bain dès le début. Après l'ajout de la base, on atteint un pH de 10 à 11. Cette condition permet aux molécules du colorant d'entrer en réaction avec les sites actifs et de former une liaison covalente avec la fibre. La formation de cette liaison provoque un autre transfert des molécules du colorant du bain de teinture vers la surface de la fibre puis vers ses sites actifs libres. Un 2ème épuisement des molécules se poursuivre donc en parallèle avec la réaction de fixation fibre-colorant. L'alure de l'épuisement en fonction du temps croît encore une autre fois. Après un temps bien déterminé, la vitesse de l'adsorption devient de plus en plus lente pour s'annuler lorsque l'équilibre d'adsorption est atteint.

Pour mieux comprendre le mécanisme de teinture réactive, nous avons pensé à exploiter un modèle mathématique[40], englobant l'adsorption dans les pores et à la surface du tissu, qui permet de suivre la cinétique de teinture.

Suite au résultat de l'évolution de l'épuisement en fonction du temps, nous proposons donc un modèle mathématique à double exponentielle pour décrire la cinétique de teinture réactive du coton. Ce modèle mathématique permet de décrire deux processus indépendants : un premier qui représente une phase rapide et un second qui représente une phase lente. Le modèle est défini par l'équation suivante[41] :

$$E_t = E_{1\infty}(1- \exp(-K_{1t}t)) + E_{2\infty}(1- \exp(-K_{2t}t)) \qquad \text{Eq. (3.1)}$$

Avec :
- E_t : l'épuisement du colorant à un instant « t » ;
- $E_{1\infty}$: l'épuisement du colorant pendant la première phase ;
- $E_{2\infty}$: l'épuisement du colorant pendant la deuxième phase ;
- K_{1t} : la cinétique de teinture pendant la phase rapide « min^{-1} » ;
- K_{2t} : la cinétique de teinture pendant la phase lente « min^{-1} ».

Dans la suite, et pour mieux comprendre le mécanisme de teinture réactive du coton, nous avons pensé à étudier les deux phases de l'épuisement (la première rapide et la deuxième phase lente de l'épuisement) séparément :

❖ **Phase 1 :**

Cette phase commence à partir du temps de l'ajout du colorant et se termine à la 15ème minute du processus de teinture (temps d'ajout de la base). Le résultat de l'étude de cette phase pour les trois colorants est donné sur la figure 3.9 :

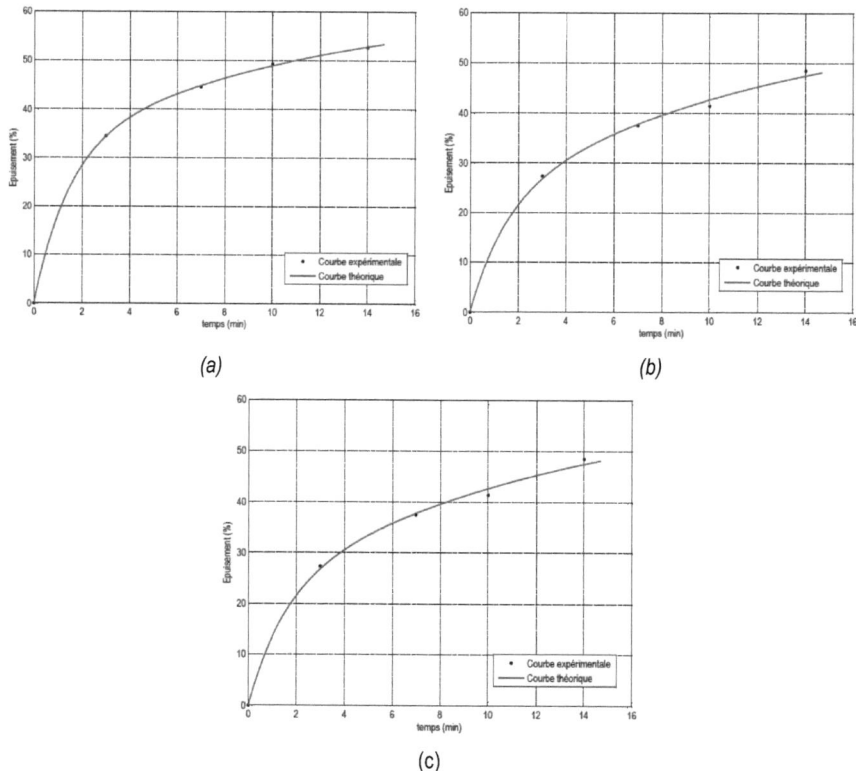

Figure 3. 9 : Cinétique de montée du colorant pendant la 1ère phase (Courbe théorique et expérimentale) ; (a) colorant Bleu, (b) colorant Jaune et (c) colorant Rouge

Les valeurs des différents coefficients du modèle théorique, ainsi que les valeurs du coefficient de corrélation et la somme des carrés des résidus (SSE) obtenu après traitement de lissage des valeurs expérimentales sur MatLab sont regroupées dans le tableau suivant :

Tableau 3. 4 : Paramètres du modèle DEM obtenus à partir du MatLab

Colorant	$E_{1\infty}$ (%)	$E_{2\infty}$ (%)	K_1 (min⁻¹)	K_2 (min⁻¹)	SSE	R^2
Bleu	24.25	33.06	1.004	0.1400	0.1118	0.9999
Jaune	14.63	43.65	1.536	0.1014	0.3980	0.9997
Rouge	16.97	40.31	1.553	0.1016	2.3500	0.9984

Les résultats obtenus prouvent que le modèle théorique utilisé décrit très bien la cinétique de teinture du coton avec le colorant réactif Bleu utilisé. En effet, pour les colorants étudiés, les valeurs de détermination R² sont très proches de 1 et les valeurs de SSE sont très faibles.

Phase 2 : (qui commence à partir de l'ajout de la base)

Le résultat du traitement de lissage, sur le logiciel MatLab, des valeurs expérimentales de la deuxième phase d'épuisement pour les trois colorants est représenté sur la figure 3.10 :

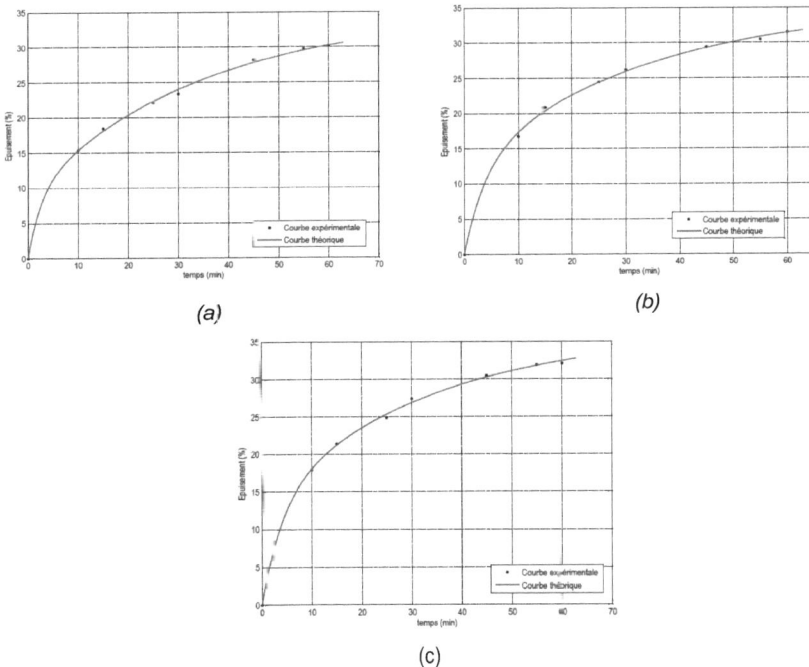

Figure 3. 10 : Cinétique de montée du colorant pendant la 2ème phase (Courbe théorique et expérimentale) ; (a) colorant Bleu, (b) colorant Jaune et (c) colorant Rouge

De la même manière que précédemment, les valeurs des différents coefficients du modèle théorique, ainsi que les valeurs du coefficient de détermination « R² » et la somme des carrés des résidus (SSE) obtenus après traitement de lissage des valeurs expérimentales sur le logiciel MatLab sont regroupées dans le tableau suivant :

Tableau 3. 5 : Paramètres du modèle DEM

Colorant	$E_{1\infty}$ (%)	$E_{2\infty}$ (%)	K₁ (min⁻¹)	K₂ (min⁻¹)	SSE	R²
Bleu	9.071	25.73	0.3899	0.02890	0.7627	0.9989
Jaune	12.29	22.96	0.2586	0.03003	0.7963	0.9989
Rouge	13.06	23.18	0.2476	0.03019	0.7301	0.9991

Identiquement à la première phase, les résultats obtenus pour cette deuxième phase de l'épuisement de la teinture réactive du coton avec les trois colorants choisis prouvent que le modèle théorique utilisé décrit très bien la cinétique de teinture du coton avec le colorant réactif Bleu utilisé (R^2>0.99 et SSE<1).

Suite aux résultats de cette étude, nous pouvons conclure :
- Le modèle théorique développé décrit très bien la vitesse de l'épuisement du bain de teinture du coton avec les colorants réactifs ;
- Le modèle développé permet d'analyser correctement les différentes phases de teinture et de déduire la durée nécessaire pour chaque phase et le meilleur temps d'ajout d'un produit auxiliaire de teinture ;
- Ce modèle développé permettra de porter un regard objectif sur la conduite du procédé de teinture afin d'optimiser et de proposer aux industriels des processus de teinture économique.

C. Mise en place d'une méthode de détermination de l'épuisement d'une teinture trichromatique

D'après les figures présentées dans le paragraphe B.2.2), nous constatons que les trois colorants utilisés vérifient bien la loi de Beer-lambert pour des concentrations très faibles. Les résultats obtenus peuvent être présentés de la façon suivante :

- *Colorant Jaune :*

La loi de Beer-lambert du colorant jaune à différentes longueurs d'ondes est donnée par :

$$\begin{pmatrix} A_J(\lambda_J) \\ A_J(\lambda_R) \\ A_J(\lambda_B) \end{pmatrix} = \begin{pmatrix} k_J(\lambda_J) \\ k_J(\lambda_R) \\ k_J(\lambda_B) \end{pmatrix} C_J \qquad \text{Eq. (3.2)}$$

Dans notre cas, et selon les résultats représentés dans la figure 3.7, nous aurons donc :

$$\begin{pmatrix} A_J(\lambda_J) \\ A_J(\lambda_R) \\ A_J(\lambda_B) \end{pmatrix} = \begin{pmatrix} 43{,}036 \\ 0 \\ 0 \end{pmatrix} C_J \qquad \text{Eq. (3.3)}$$

- **_Colorant Rouge :_**

La loi de Beer-lambert du colorant Rouge à différentes longueurs d'ondes est donnée par :

$$\begin{pmatrix} A_R(\lambda_J) \\ A_R(\lambda_R) \\ A_R(\lambda_B) \end{pmatrix} = \begin{pmatrix} k_R(\lambda_J) \\ k_R(\lambda_R) \\ k_R(\lambda_B) \end{pmatrix} C_R \qquad \text{Eq. (3.4)}$$

Dans notre cas, et selon les résultats représentés dans la figure 3.7, nous aurons donc :

$$\begin{pmatrix} A_R(\lambda_J) \\ A_R(\lambda_R) \\ A_R(\lambda_B) \end{pmatrix} = \begin{pmatrix} 13{,}714 \\ 20{,}232 \\ 0 \end{pmatrix} C_R \qquad \text{Eq. (3.5)}$$

- **_Colorant Bleu :_**

La loi de Beer-lambert du colorant Rouge à différentes longueurs d'ondes est donnée par :

$$\begin{pmatrix} A_B(\lambda_J) \\ A_B(\lambda_R) \\ A_B(\lambda_B) \end{pmatrix} = \begin{pmatrix} k_B(\lambda_J) \\ k_B(\lambda_R) \\ k_B(\lambda_B) \end{pmatrix} C_B \qquad \text{Eq. (3.6)}$$

Dans notre cas, et selon les résultats représentés dans la figure 3.7, nous aurons donc :

$$\begin{pmatrix} A_B(\lambda_J) \\ A_B(\lambda_R) \\ A_B(\lambda_B) \end{pmatrix} = \begin{pmatrix} 2{,}3393 \\ 7{,}2143 \\ 14{,}607 \end{pmatrix} C_B \qquad \text{Eq. (3.7)}$$

En trichromie, l'absorbance du bain résiduaire à la longueur d'onde d'un colorant est égale à la somme des absorbances des trois colorants utilisés. Par exemple, dans notre cas, les trois colorants utilisés pour la réalisation des trichromies sont les colorants rouge, jaune et bleu. Les absorbances qui sont données par le spectrophotomètre à la longueur d'onde maximale de chaque colorant représentent l'absorbance du colorant à sa longueur d'onde à laquelle sont ajoutées les absorbance des deux autres colorants à la même longueur d'onde du colorant en question.

Pour une trichromie quelconque, l'absorbance du bain résiduaire de teinture est, donc, donné par le système suivant :

$$\begin{cases} A_S(\lambda_y) = A_y(\lambda_y) + A_R(\lambda_y) + A_B(\lambda_y) \\ A_S(\lambda_R) = A_y(\lambda_R) + A_R(\lambda_R) + A_B(\lambda_R) \\ A_S(\lambda_B) = A_y(\lambda_B) + A_R(\lambda_B) + A_B(\lambda_B) \end{cases}$$ Eq. (3.8)

Avec :

- $A_S(\lambda_y)$, $A_S(\lambda_R)$, $A_S(\lambda_B)$: Les valeurs des absorbances de la solution du bain résiduaire aux longueurs d'ondes λ_y, λ_R et λ_B
- $A_y(\lambda_y)$, $A_y(\lambda_R)$, $A_y(\lambda_B)$: Les valeurs des absorbances du colorant Jaune dans la solution aux longueurs d'ondes λ_y, λ_R et λ_B
- $A_R(\lambda_y)$, $A_R(\lambda_R)$, $A_R(\lambda_B)$: Les valeurs des absorbances du colorant Rouge dans la solution aux longueurs d'ondes λ_y, λ_R et λ_B
- $A_B(\lambda_y)$, $A_B(\lambda_R)$, $A_B(\lambda_B)$: Les valeurs des absorbances du colorant Bleu dans la solution aux longueurs d'ondes λ_y, λ_R et λ_B

Or pour le colorant « i » utilisé dans la trichromie, l'équation de Beer-lambert à une longueur d'onde bien déterminée est donnée par :

$$A_i(\lambda_j) = k_i(\lambda_j) C_i$$ Eq. (3.9)

Avec :

- $A_i(\lambda_j)$: désigne l'Absorbance du colorant « i » à la longueur d'onde du colorant « j » ;
- $k_i(\lambda_j)$: Coefficient de Beer-Lambert du colorant « i » à la longueur d'onde de du colorant « j ».

En utilisant cette équation, le système des absorbances du bain résiduaire se réécrit comme suit :

$$\begin{cases} A_S(\lambda_y) = k_y(\lambda_y)C_y + k_R(\lambda_y)C_R + k_B(\lambda_y)C_B \\ A_S(\lambda_R) = k_y(\lambda_R)C_y + k_R(\lambda_R)C_R + k_B(\lambda_R)C_B \\ A_S(\lambda_B) = k_y(\lambda_B)C_y + k_R(\lambda_B)C_R + k_B(\lambda_B)C_B \end{cases}$$ Eq. (3.10)

Afin de simplifier la résolution de ce système d'équation, on va l'écrire sous la forme matricielle suivante[42] :

$$[A] = [K][C]$$

$$\begin{pmatrix} A_S(\lambda_y) \\ A_S(\lambda_R) \\ A_S(\lambda_B) \end{pmatrix} = \begin{pmatrix} k_y(\lambda_y) & k_R(\lambda_y) & k_B(\lambda_y) \\ k_y(\lambda_R) & k_R(\lambda_R) & k_B(\lambda_R) \\ k_y(\lambda_B) & k_R(\lambda_B) & k_B(\lambda_B) \end{pmatrix} \begin{pmatrix} C_y \\ C_R \\ C_B \end{pmatrix}$$ Eq. (3.11)

Dans notre cas, selon les résultats donnés auparavant, nous pouvons élaborer la matrice des coefficients de Beer-Lambert des trois colorants jaune, Rouge et Bleu objets de notre étude. La matrice est donnée comme suit :

$$\begin{pmatrix} A_s(\lambda_y) \\ A_s(\lambda_R) \\ A_s(\lambda_B) \end{pmatrix} = \begin{pmatrix} k_y(\lambda_y) & k_R(\lambda_y) & k_B(\lambda_y) \\ 0 & k_R(\lambda_R) & k_B(\lambda_R) \\ 0 & 0 & k_B(\lambda_B) \end{pmatrix} \begin{pmatrix} C_y \\ C_R \\ C_B \end{pmatrix} \qquad \text{Eq. (3.12)}$$

Cette relation nous permet donc de déterminer les concentrations résiduelles de chaque colorant dans le bain de teinture trichromatique, et donc par la suite de déterminer l'épuisement de chaque colorant :

$$\begin{cases} [C] = [K]^{-1}[A] & \rightarrow \quad \text{if}(C_i)_{t=0} \neq 0 \\ (C_i)_{t=\infty} = 0 & \rightarrow \quad \text{if}(C_i)_{t=0} = 0 \end{cases}$$

Avec :

$$[K]^{-1} = \begin{pmatrix} \dfrac{1}{k_y(\lambda_y)} & \dfrac{-k_R(\lambda_y)}{k_R(\lambda_R)k_y(\lambda_y)} & \dfrac{k_R(\lambda_y)k_B(\lambda_R)-k_B(\lambda_y)k_R(\lambda_R)}{k_y(\lambda_y)k_R(\lambda_R)k_B(\lambda_B)} \\ 0 & \dfrac{1}{k_R(\lambda_R)} & \dfrac{-k_B(\lambda_R)}{k_B(\lambda_B)k_R(\lambda_R)} \\ 0 & 0 & \dfrac{1}{k_B(\lambda_B)} \end{pmatrix} \qquad \text{Eq. (3.13)}$$

Remplaçant chaque coefficient de Beer-Lambert par sa valeur, nous aurons donc la matrice suivante :

$$[K]^{-1} = \begin{pmatrix} 0.07292 & -0.01551 & -0.00402 \\ 0 & 0.04943 & -0.02441 \\ 0 & 0 & 0.05846 \end{pmatrix} \qquad \text{Eq. (3.14)}$$

D. Mise en place d'une méthode d'optimisation d'un procédé de teinture

Dans cette partie de ce chapitre, on vise à faire l'optimisation des procédés de teinture d'une gamme de colorants proposée par un fournisseur des produits chimiques. Ceci va permettre de trouver les conditions optimales de réalisation de la teinture, tout en garantissant un maximum de rendement colorimétrique et un minimum de perte de colorants.

Pour ce faire, nous avons pensé à mettre en œuvre une méthodologie rigoureuse qui conduira à une analyse et à une interprétation statistique relativement simple afin d'obtenir des conclusions solides et adéquates : La méthode des plans d'expériences. Cette méthodologie s'articule selon trois étapes.

- Une formalisation du problème : définir le problème, déterminer les objectifs, définir les sorties et définir les entrées ;
- Choix d'une stratégie : plan de criblage ou plan d'optimisation
  - Plan de criblage : Plan pour l'étude des facteurs ;
  - Plan d'optimisation : Plan pour la modélisation des surfaces de réponses.
- Analyses et Résultats : Analyse mathématique, Analyse statistique, Analyse graphique, interprétations, validation et conclusion.

La méthode des plans d'expériences est appliquée, dans un premier temps, afin d'étudier l'influence des facteurs liés au bain de teinture et des paramètres liés au procédé d'application des colorants sur l'épuisement du bain. Dans un deuxième temps, nous proposons un modèle mathématique permettant de modéliser l'épuisement en fonction de ces facteurs et paramètres les plus pertinents afin d'obtenir le maximum d'information sur ce phénomène avec le minimum d'expériences. L'intérêt de cette modélisation est, d'une part, de pouvoir calculer toutes réponses du domaine d'étude sans être obligé de faire les expériences et, d'autre part, de prévoir les conditions optimales permettant de maximiser l'épuisement.

1. Méthode des plans d'expériences

La méthode des plans d'expériences va consister à établir et mettre en place un plan d'expérimentation qui doit permettre :

- De diminuer et de planifier les essais ;
- D'étudier un plus grand nombre de facteurs, de quantifier leurs influence sur les réponses ;
- De détecter des éventuelles interactions entre facteurs ;
- De présenter les résultats de façon lisible et de créer un modèle.

L'objectif principal de cette méthode peut être résumé en deux mots : Obtenir un maximum d'information en un minimum d'expériences. Pour cela, il faut respecter des règles mathématiques et adopter, donc, une démarche rigoureuse et scientifique.

La bonne compréhension de la méthode des plans d'expériences s'appuie, essentiellement, sur deux notions : celle de l'espace expérimental et celle de la modélisation mathématique des grandeurs et des valeurs étudiées.

1.1. Espace expérimental

Un chercheur ou un expérimentateur qui lance une étude s'intéresse, essentiellement, à une grandeur ou à une qualité demandée qu'il mesure à chaque essai. Ce résultat obtenu s'appelle la réponse, c'est la grandeur d'intérêt. Généralement, le résultat des essais dépend de plusieurs variables appelés les facteurs. Chaque facteur peut être représenté par un axe gradué et orienté. La valeur ou la qualité donnée à un facteur pour réaliser un essai est appelée niveau.

D'une manière générale, dans une étude expérimentale, les variations des valeurs d'un facteur sont limitées entre deux bornes. La borne inférieure appelée niveau bas et la borne supérieure est appelée niveau haut. L'ensemble de toutes ces valeurs que peut prendre le facteur s'appelle le domaine du facteur. Le domaine d'un facteur est, donc, représenté sur la figure 3.11. Le niveau bas est noté par « -1 » et le niveau haut est noté par « 1 », mais dans l'approche traditionnelle des plans d'expériences, les niveaux sont fixés par la méthode de construction du plan au sein d'un domaine dont les bornes sont définies par l'utilisateur.

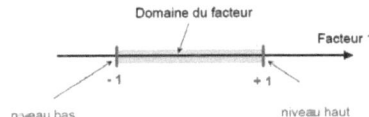

Figure 3.11 : Le domaine de variation d'un facteur

Si on ajoute un second facteur, il sera représenté aussi par un axe gradué et orienté. On définit, comme pour le premier, son domaine de variation borné, respectivement, par le niveau haut et le niveau bas. Ce second axe sera disposé orthogonalement au premier. On obtient donc un repère cartésien qui définit l'espace expérimental.

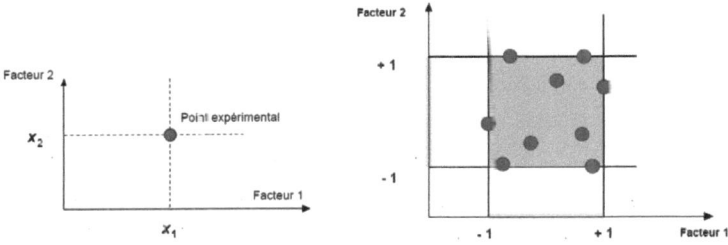

Figure 3.12 : illustration de la notion d'espace expérimental

a- Facteurs : on qualifie de facteur toute variable, obligatoirement contrôlable, susceptible d'influer sur la réponse observée. Les facteurs peuvent être quantitatifs (ou continus) lorsqu'ils sont naturellement exprimés à l'aide de valeurs numériques (pourcentage d'un réactif chimique, température, temps, …etc.) ou qualitatifs dans le cas contraire (liage, armure, nature de fibre, …etc.). Parfois, il faut transformer les facteurs qualitatifs en facteurs quantitatifs à l'aide d'un codage approprié (par exemple en affectant la valeur 1 pour « la fibre de polyester » et la valeur 2 pour « la fibre du coton » dans le cas de « la nature de la matière ». Dans tous les cas, lorsqu'un facteur varie on dit qu'il a changé de niveau. La définition de l'ensemble de tous les niveaux utilisés par chaque facteur est nécessaire pour la réalisation des plans d'expériences.

b- Réponse : on qualifie de réponse la grandeur que l'on mesure lors de chaque expérience réalisée. C'est aux chercheurs spécialistes de cerner aux mieux ce qui les intéresse et de fournir le type de réponse ainsi que l'objectif souhaité (chercher un extremum, déterminer un paramètre, …etc.).

1.2. Plans factoriels complets

Un plan factoriel complet comprendra la totalité des expériences obtenues par toutes les combinaisons possibles des facteurs pris aux différents niveaux. Par exemple, avec deux niveaux et k facteurs, les plans factoriels complets sont notés 2^k. Avec ce type de plan factoriel, le nombre d'expériences à réaliser augmente considérablement avec l'augmentation du nombre de facteurs et de niveaux. De ce fait, ce plan est adapté pour 2 ou 3 facteurs et devient inutilisable avec un nombre élevé de facteurs.

1.3. Plans factoriels fractionnaires

Dans la présentation d'un plan complet, nous nous sommes aperçus que lorsque le nombre de facteurs ou le nombre de niveaux augmentent le plan nous conduit à un nombre d'essais considérable et souvent peu compatible avec les réalités industrielles ou même des laboratoires de recherche. Dans ce cas, les études ont montré qu'il était possible de ne pas effectuer tous ces essais pour avoir une bonne estimation de la réponse de notre système à condition de respecter un certain nombre de règles.

- Règle de l'orthogonalité : Il faut que chaque niveau de chaque facteur est associé le même nombre de fois à chaque niveau d'un autre facteur (par exemple, le niveau -1 du facteur X_1 est associé 2 fois avec le niveau -1 et 2 fois avec le niveau 1 du facteur X_2).

- Condition sur le nombre de degrés de liberté : le nombre de degrés de liberté est le nombre de valeurs qu'il faut obligatoirement calculer pour connaître l'ensemble des coefficients du modèle.

2. Modélisation de l'épuisement d'un bain de teinture réactive

La démarche à suivre, pour étudier l'influence de nombreux paramètres qui sont susceptibles de modifier la réponse, est la suivante :

- Formaliser le problème : Il faut identifier et présenter clairement l'objectif à atteindre ;
- Sélectionner les paramètres et les interactions (facteurs) qui semblent les plus influents du phénomène ;
- Construire un plan d'expériences ;
- Réaliser tous les essais prévus au plan et déterminer les réponses ;
- Analyser les résultats ;
- Conclure et interpréter.

Dans cette partie de l'étude, nous essayons d'analyser les épuisements des bains de teinture réactive du coton. Dans un premier temps, nous avons pensé à modéliser ce paramètre en fonction de la nuance, des concentrations de l'électrolyte et du carbonate, et de la température. Pour cela, nous allons construire un plan d'expériences factoriel complet de 4 facteurs à 3 niveaux.

Tableau 3. 6 : les facteurs choisis du plan d'expériences à effectuer

	Nuance	[Electrolyte]	[Carbonate]	Température
Niveau 1	0.5	5	2	30
Niveau 2	1.5	20	5	50
Niveau 3	3	40	10	80

Dans ce cas de domaine, nous somme donc en présence d'un nombre d'expériences assez élevé. 81 expériences sont, donc, à réaliser. La matrice d'expériences choisie (les essais effectués et les réponses) est celle reportée dans le tableau présenté dans l'annexe.

2.1. Analyse des effets

Le logiciel Minitab fournit les représentations suivantes des effets des 4 facteurs : Nuance, concentration de l'électrolyte, concentration du carbonate et la température :

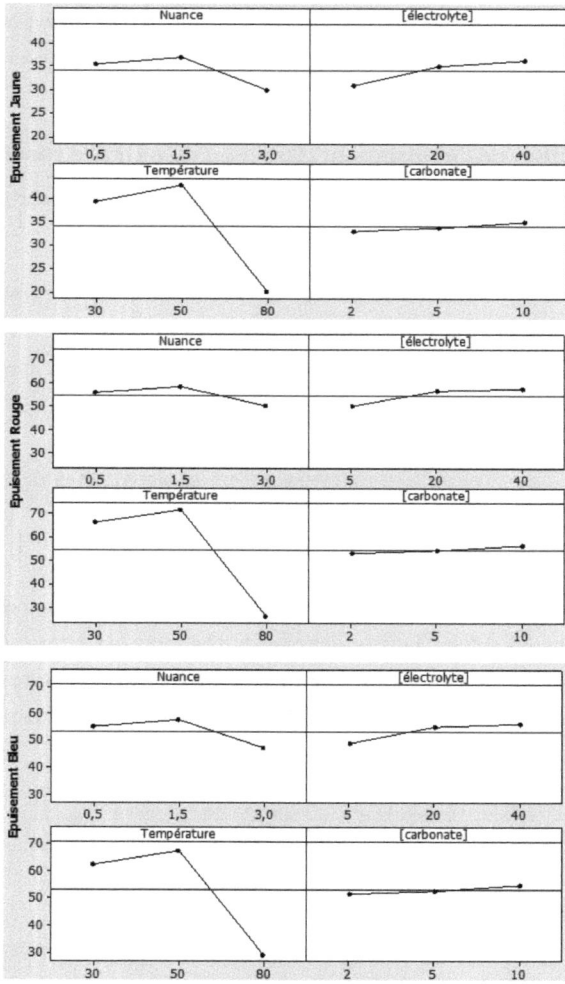

Figure 3. 13 : diagrammes des effets

A l'examen visuel des graphes, on note que les quatre facteurs étudiés doivent avoir un effet important sur l'épuisement du bain de teinture. En effet, nous constatons une variation importante de la réponse lorsque la température, la nuance ou la concentration de l'électrolyte change de modalité. Par contre, la variation de la concentration du carbonate d'un niveau à un autre donne un effet beaucoup plus faible sur la réponse que celui des autres facteurs.

2.2. Analyse des interactions

A l'examen visuel des graphes suivants, on note que, à part la concentration du carbonate, les effets des autres facteurs en passant d'un niveau à un autre sont matérialisés par des droites non parallèles (elles se croisent). Nous constatons, donc, qu'il y a présence d'interactions entre les quatre facteurs (la concentration du carbonate dans une moindre mesure).

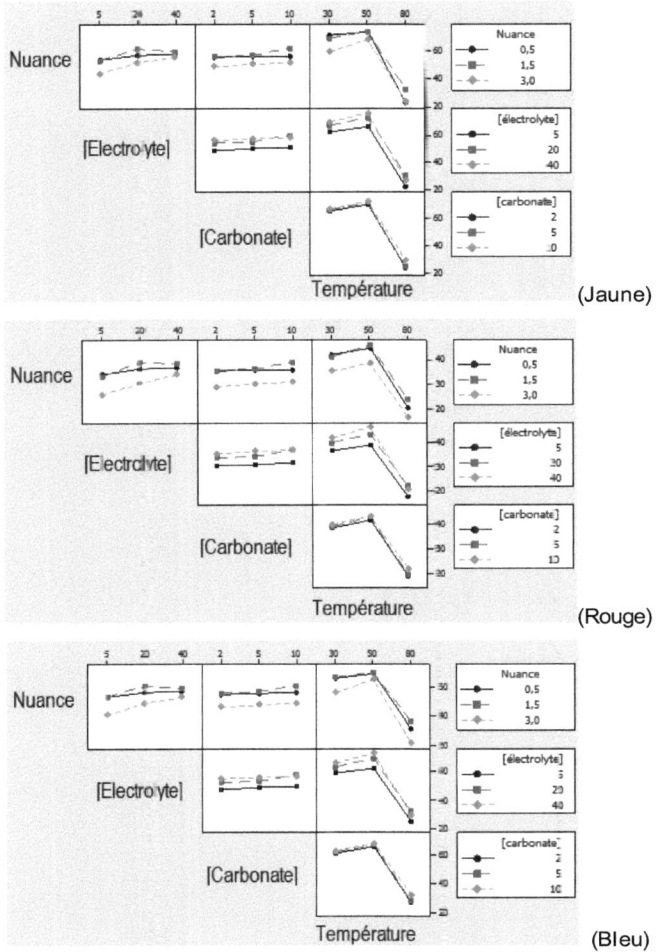

(Jaune)

(Rouge)

(Bleu)

Figure 3. 14 : diagrammes des interactions

2.3. Régression linéaire et Analyse des variances

Dans ce paragraphe, nous cherchons à modéliser, par une équation linéaire, les variations de la réponse en fonction des facteurs choisis. L'ajustement linéaire des valeurs expérimentales par le logiciel Minitab donne le résultat suivant :

- Le colorant Rouge

L'équation de la régression est :
Epuisement Rouge = 98,2 - 2,54 Nuance + 0,202 [électrolyte] + 0,409 [carbonate] - 0,862 Température

```
Predictor        Coef    SE Coef       T       P
Constant       98,240      5,275   18,62   0,000
Nuance         -2,544      1,300   -1,96   0,054
[électrolyte]  0,20182    0,09315   2,17   0,033
[carbonate]    0,4089     0,4047    1,01   0,315
Température   -0,86182    0,06499 -13,26   0,000

S = 12,0194    R-Sq = 70,9%    R-Sq(adj) = 69,4%
Analysis of Variance
Source           DF        SS      MS       F       P
Regression        4    26780,8  6695,2   46,34   0,000
Residual Error   76    10979,5   144,5
Total            80    37760,3
```

- Le colorant Bleu

L'équation de la régression est :
Epuisement Bleu = 90,6 - 3,48 Nuance + 0,198 [électrolyte] + 0,378 [carbonate] - 0,714 Température

```
Predictor        Coef    SE Coef       T       P
Constant       90,599      4,632   19,56   0,000
Nuance         -3,484      1,141   -3,05   0,003
[électrolyte]  0,19826    0,08179   2,42   0,018
[carbonate]    0,3777     0,3554    1,06   0,291
Température   -0,71411    0,05707 -12,51   0,000

S = 10,5534    R-Sq = 69,5%    R-Sq(adj) = 67,9%
Analysis of Variance
Source           DF        SS      MS       F       P
Regression        4    19258,5  4814,6   43,23   0,000
Residual Error   76     8464,4   111,4
Total            80    27722,9
```

- Le colorant Jaune

L'équation de la régression est :
Epuisement Jaune = 55,7 - 2,46 Nuance + 0,149 [électrolyte] + 0,254 [carbonate] - 0,416 Température

```
Predictor        Coef    SE Coef       T       P
Constant       55,653      2,801   19,87   0,000
Nuance         -2,4563     0,6902  -3,56   0,001
[électrolyte]  0,14909    0,04946   3,01   0,004
[carbonate]    0,2537     0,2149    1,18   0,242
Température   -0,41601    0,03451 -12,05   0,000

S = 6,38237    R-Sq = 68,9%    R-Sq(adj) = 67,3%

Analysis of Variance
Source           DF        SS      MS       F       P
Regression        4     6861,6  1715,4   42,11   0,000
Residual Error   76     3095,8    40,7
Total            80     9957,4
```

D'après les résultats regroupés dans le tableau ci-dessus et plus précisément les valeurs du paramètre P (qui, à part le facteur «[Carbonate]», sont tous presque nulles) et du coefficient de détermination «R^2» (qui est au alentour de 70%, ceci est du à la valeur de P du facteur «[Carbonate]»), nous pouvons dire que le modèle estimé par la méthode de régression peut être considéré comme significatif.

2.4. Surface des réponses

Dans la suite de cette partie, nous avons représenté la surface des réponses associées à un modèle mathématique mettant en relation, pour une nuance bien déterminée, l'épuisement du bain du colorant étudié en fonction des deux facteurs : [Electrolyte] et Température.

En effet, après la prise en considération de tous les facteurs présentés auparavant, nous avons constaté, en se basant sur les résultats regroupés dans les deux tableaux ci-dessous, que les valeurs de «P» pour les termes du modèle, où le facteur «[Carbonate] est pris en compte», sont très élevées (P>0.5). Par conséquent, nous avons décidé de garder seulement les deux facteurs (température et [électrolyte]) dans le modèle final à considérer. La représentation finale obtenue de la réponse permet à l'expérimentateur d'estimer et de prévoir les conditions optimales de la teinture permettant de maximiser l'épuisement.

```
Response Surface Regression: E(Rouge) versus [carbonate]; [électrolyte; ...
The analysis was done using uncoded units.

Estimated Regression Coefficients for E(Rouge)
Term                           Coef      SE Coef        T        P
Constant                    -31,6181     6,88530    -4,592    0,000
[carbonate]                   1,0673     1,07079     0,997    0,333
[électrolyte]                 1,0678     0,21224     5,031    0,000
Température                   3,6207     0,22200    16,309    0,000
[carbonate]*[carbonate]      -0,0563     0,07638    -0,736    0,472
[électrolyte]*[électrolyte]  -0,0102     0,00379    -2,694    0,015
Température*Température      -0,0382     0,00190   -20,073    0,000
[carbonate]*[électrolyte]     0,0024     0,01130     0,209    0,837
[carbonate]*Température      -0,0017     0,00788    -0,217    0,831
[électrolyte]*Température    -0,0054     0,00181    -2,979    0,008

S = 2,778    R-Sq = 98,8%    R-Sq(adj) = 98,1%
Analysis of Variance for E(Rouge)

Source           DF     Seq SS     Adj SS    Adj MS       F        P
Regression        9    10570,3   10570,28   1174,48   152,21    0,000
  Linear          3     7331,9    2161,69    720,56    93,39    0,000
  Square          3     3169,2    3169,18   1056,39   136,91    0,000
  Interaction     3       69,2      69,18     23,06     2,99    0,060
Residual Error   17      131,2     131,17      7,72
Total            26    10701,4
```

```
Response Surface Regression: E(Bleu) versus [carbonate]; [électrolyte; ...
The analysis was done using uncoded units.
Estimated Regression Coefficients for E(Bleu)

Term                         Coef      SE Coef        T        P
Constant                  -34,8250     7,83063    -4,447    0,000
[carbonate]                 0,8597     1,21780     0,706    0,490
[électrolyte]               0,9561     0,24138     3,961    0,001
Température                 3,6562     0,25248    14,481    0,000
[carbonate]*[carbonate]    -0,0356     0,08687    -0,409    0,687
[électrolyte]*[électrolyte]-0,0089     0,00431    -2,072    0,054
Température*Température    -0,0385     0,00216   -17,773    0,000
[carbonate]*[électrolyte]   0,0051     0,01285     0,393    0,699
[carbonate]*Température    -0,0037     0,00897    -0,414    0,684
[électrolyte]*Température  -0,0044     0,00206    -2,112    0,050

S = 3,159    R-Sq = 98,4%    R-Sq(adj) = 97,5%
Analysis of Variance for E(Bleu)

Source          DF    Seq SS     Adj SS    Adj MS       F        P
Regression       9   10347,4   10347,41   1149,71   115,20    0,000
  Linear         3    7102,6    2174,98    724,99    72,64    0,000
  Square         3    3197,1    3197,05   1065,68   106,78    0,000
  Interaction    3      47,8      47,77     15,92     1,60    0,227
Residual Error  17     169,7     169,66      9,98
Total           26   10517,1
```

```
Response Surface Regression: E(Jaune) versus [carbonate]; [électrolyte; ...
The analysis was done using uncoded units.
Estimated Regression Coefficients for E(Jaune)

Term                         Coef      SE Coef        T        P
Constant                  -10,0620     6,02966    -1,669    0,113
[carbonate]                 0,7547     0,93772     0,805    0,432
[électrolyte]               0,5777     0,18587     3,108    0,006
Température                 1,7026     0,19441     8,757    0,000
[carbonate]*[carbonate]    -0,0423     0,06689    -0,632    0,536
[électrolyte]*[électrolyte]-0,0038     0,00332    -1,152    0,265
Température*Température    -0,0179     0,00167   -10,771    0,000
[carbonate]*[électrolyte]   0,0077     0,00990     0,779    0,447
[carbonate]*Température    -0,0031     0,00690    -0,454    0,656
[électrolyte]*Température  -0,0041     0,00159    -2,554    0,021

S = 2,433    R-Sq = 96,7%    R-Sq(adj) = 94,9%

Analysis of Variance for E(Jaune)
Source          DF    Seq SS     Adj SS    Adj MS       F        P
Regression       9   2924,18   2924,183   324,909    54,91    0,000
  Linear         3   2184,05    488,162   162,721    27,50    0,000
  Square         3    696,73    696,730   232,243    39,25    0,000
  Interaction    3     43,40     43,400    14,467     2,44    0,099
Residual Error  17    100,60    100,596     5,917
Total           26   3024,78
```

Donc le modèle mathématique à considérer dans notre cas d'étude est le suivant :

$$E\% = Cte + a\,[Electrolyte] + b\,Température + c\,[Electrolyte] \times T + d\,[Electrolyte]^2 + e\,Température^2 + f\,[Electrolyte] \times Température$$

Dans le cas de la nuance de 3%, les coefficients du modèle retenu, voir l'équation ci-dessus, pour chaque colorant (rouge, jaune et bleu) sont donnés dans le tableau suivant :

Nuance de 3%

⇨ **Surface de réponse pour le colorant Rouge :**

```
Estimated Regression Coefficients for E(Rouge)
Term                             Coef     SE Coef        T        P
Constant                     -27,9890     6,02436   -4,646    0,000
[électrolyte]                  1,0812     0,20667    5,231    0,000
Température                    3,6110     0,22210   16,258    0,000
[électrolyte]*[électrolyte]   -0,0102     0,00387   -2,638    0,015
Température*Température       -0,0382     0,00194  -19,654    0,000
[électrolyte]*Température     -0,0054     0,00185   -2,917    0,008

S = 2,837    R-Sq = 98,4%    R-Sq(adj) = 98,0%
Analysis of Variance for E(Rouge)
Source              DF     Seq SS     Adj SS     Adj MS        F        P
Regression           5   10532,4    10532,42    2106,48    261,71   0,000
  Linear             2    7299,0     2246,26    1123,13    139,54   0,000
  Square             2    3165,0     3164,99    1582,50    196,61   0,000
  Interaction        1      68,5       68,48      68,48      8,51   0,008
Residual Error      21     169,0      169,02       8,05
  Lack-of-Fit        3     119,8      119,84      39,95     14,62   0,000
  Pure Error        18      49,2       49,19       2,73
Total               26   10701,4
```

⇨ **Surface de réponse pour le colorant Bleu :**

```
Estimated Regression Coefficients for E(Bleu)
Term                             Coef     SE Coef        T        P
Constant                     -31,4822     6,67167   -4,719    0,000
[électrolyte]                  0,9848     0,22888    4,303    0,000
Température                    3,6352     0,24597   14,779    0,000
[électrolyte]*[électrolyte]   -0,0089     0,00429   -2,063    0,050
Température*Température       -0,0385     0,00215  -17,871    0,000
[électrolyte]*Température     -0,0044     0,00205   -2,124    0,046

S = 3,142    R-Sq = 98,0%    R-Sq(adj) = 97,6%
Analysis of Variance for E(Bleu)
Source              DF     Seq SS     Adj SS     Adj MS        F        P
Regression           5   10309,3    10309,77    2061,95    208,88   0,000
  Linear             2    7069,3     2247,17    1123,59    113,82   0,000
  Square             2    3195,4     3195,38    1597,69    161,85   0,000
  Interaction        1      44,5       44,52      44,52      4,51   0,046
Residual Error      21     207,3      207,30       9,87
  Lack-of-Fit        3     163,5      163,47      54,49     22,38   0,000
  Pure Error        18      43,8       43,83       2,44
Total               26   10517,1
```

⇨ **Surface de réponse pour le colorant Jaune :**

```
Estimated Regression Coefficients for E(Jaune)
Term                             Coef     SE Coef        T        P
Constant                      -7,60362    5,15766   -1,474    0,155
[électrolyte]                  0,62139    0,17694    3,512    0,002
Température                    1,68479    0,19015    8,860    0,000
[électrolyte]*[électrolyte]   -0,00383    0,00332   -1,153    0,050
Température*Température       -0,01795    0,00166  -10,787    0,000
[électrolyte]*Température     -0,00406    0,00159   -2,558    0,018

S = 2,429    R-Sq = 95,9%    R-Sq(adj) = 94,9%
Analysis of Variance for E(Jaune)
Source              DF     Seq SS     Adj SS     Adj MS        F        P
Regression           5    2900,89    2900,89    580,178    98,34   0,000
  Linear             2    2167,94     507,96    253,982    43,05   0,000
  Square             2     694,37     694,37    347,183    58,85   0,000
  Interaction        1      38,59      38,59     38,588     6,54   0,018
```

Les abaques suivants représentent les surfaces de réponses estimées pour les épuisements des colorants rouge, bleu et jaune en fonction de la température et de la concentration de l'électrolyte selon le modèle défini (voir équation ci-dessus) :

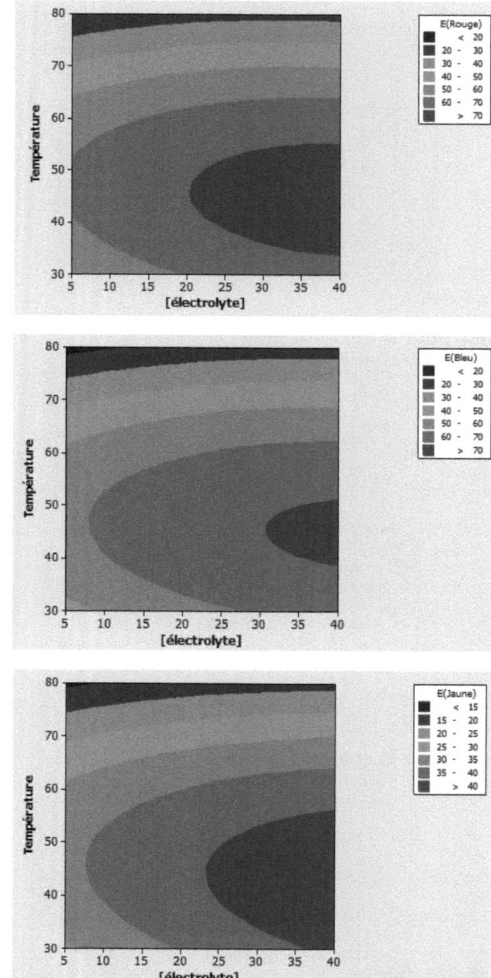

Figure 3. 15 : **Surface de réponse en fonction de la concentration de l'électrolyte et de la température**

Cette modélisation permet de prévoir des conditions optimales du traitement pour avoir une valeur objective fixée, dès le début, par l'expérimentateur. Par exemple (figure

3.16), si l'expérimentateur fixe des objectifs à atteindre, il aura la possibilité de déterminer les conditions optimales pour avoir ça :

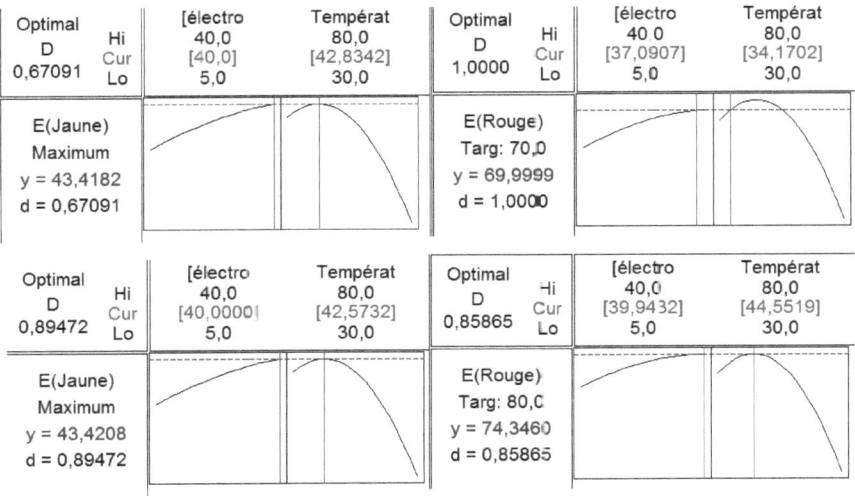

Figure 3. 16 : Conditions optimales pour avoir la valeur objective

E. Conclusion

Dans la première partie de ce chapitre, nous avons exposé les caractéristiques chimiques, les propriétés tinctoriales et le mécanisme de teinture des colorants réactifs.

Ensuite, dans la deuxième partie, nous avons mis en place une méthode quantitative permettant de déterminer l'épuisement de chaque colorant utilisé dans la teinture trichromatique. Cette méthode permet aux industriels de choisir et sélectionner les colorants les mieux adoptés pour réaliser correctemeent des trichromies. De même, dans cette partie, nous avons développé un modèle mathématique permettant d'analyser le processus d'une teinture réactive afin d'étudier la cinétique d'épuisement et, donc, de caractériser le colorant en question. Finalement, nous avons modélisé, à travers une étude expérimentale en utilisant le plan d'expériences, le paramètre épuisement en fonction des facteurs de teinture.

Conclusion générale

Le contenu de ce livre s'intègre dans le cadre de la recherche des méthodes et des modèles permettant d'étudier quantitativement la teinture du coton. Il s'articule autour d'un sujet innovant qui vise, d'une part, à acquérir des connaissances fondamentales et scientifiques relatives aux aspects physico-chimiques des teintures directes et réactives, et d'autre part, d'apprendre des théories, des modèles et des fondements scientifiques permettant d'analyser quantitativement, de suivre et modéliser la teinture du coton afin de répondre aux attentes industriel (conformité des coloris développés, optimisation des procédés, mise en place d'un procédé, etc.).

Pour réussir cette mission, le plan de ce livre était structuré de la façon suivante :
- *Une présentation théorique qui a pour objectif de décrire les propriétés physico-chimiques du coton, de décrire les traitements de préparation et de teinture de cette fibre et s'initier aux techniques et aux procédés industriels de traitement humide et d'application d'un colorant sur un support en coton.*
- *Une présentation détaillée des colorants directs, de ses propriétés tinctoriales et de ses mécanismes de teinture. A la suite de quoi une étude sur la cinétique et la vitesse de teinture est effectuée.*
- *Une présentation fondamentale des colorants réactifs, de ses différentes classes chimiques et tinctoriales et de ses mécanismes de teinture. A la suite de quoi, une méthode quantitative d'analyse et de suivi de l'épuisement d'un colorant dans une teinture trichromatique est mise en place.*
- *Une mise en place d'un modèle mathématique, en utilisant le logiciel MatLab, permettant d'analyser le processus de teinture réactive ;*
- *Une présentation d'une méthode quantitative basée sur la technique de plan d'expériences permettant d'établir des surfaces de réponses en fonction des facteurs choisis afin d'optimiser les procédés de teinture réactive.*

ANNEXE

N°	Nuance	[électrolyte]	[carbonate]	Température	Epuisement Rouge	Epuisement Bleu	Epuisement Jaune
1	1,5	5	5	80	24	29,75	18,74
2	3	20	10	80	24,31	21,95	16,57
3	1,5	5	5	50	70	66	42,5
4	0,5	40	10	80	24,85	33	22
5	1,5	40	5	80	29,95	34	24
6	1,5	5	10	50	71	67	43,5
7	3	5	2	80	19,85	17,75	15,02
8	0,5	40	5	30	73,5	67	43,5
9	3	20	2	80	24,11	21	16
10	1,5	5	10	80	25,35	30	19
11	0,5	5	10	30	70,1	65	41,2
12	3	20	5	50	70	66	38
13	3	20	5	80	24,25	21,35	16,45
14	0,5	5	10	50	72,5	67,5	43,5
15	3	5	10	80	22,85	19	15,35
16	3	40	10	30	65,5	62,25	39,45
17	1,5	40	5	50	76,85	72,5	47,65
18	0,5	40	10	30	73,2	66,95	43,25
19	0,5	40	5	50	75	71	46
20	1,5	20	10	30	69	67,25	41,85
21	3	5	5	30	52,5	49,75	30,75
22	1,5	40	10	30	73	70,5	44,75
23	1,5	5	2	80	22,5	28,5	17,54
24	3	20	10	50	71,5	68,7	39
25	3	40	5	30	64,5	60,5	38,75
26	3	5	5	80	21,75	13,25	15,15
27	1,5	20	2	50	73	69	45,5
28	1,5	40	10	80	30,15	34,08	24,05
29	3	5	10	50	59	55	32
30	1,5	5	10	30	66,75	64	39,5
31	0,5	40	2	30	73	68,8	43,1
32	3	5	2	30	51	48	29,5
33	1,5	40	2	30	71	68,5	42,5
34	3	40	5	80	25,7	23,4	17,15
35	1,5	40	2	50	76,25	72,21	47,58
36	0,5	20	5	30	71,3	65,7	41,75
37	1,5	20	10	80	69	67,25	41,85
38	3	20	2	50	68,5	65	37
39	0,5	5	2	80	20	23	18
40	0,5	20	10	50	74,88	69,93	45,85
41	1,5	5	2	50	69	65	41,8

42	3	40	2	30	62,5	58	37,05
43	1,5	20	5	50	75	71	47
44	1,5	20	2	80	28	32,5	21,75
45	3	5	2	50	54,5	51,5	30,08
46	0,5	40	2	80	24,5	32	21
47	0,5	20	2	30	71	65	41,5
48	0,5	20	5	80	23,5	31,45	20,85
49	1,5	40	2	80	29,57	33,75	23,85
50	0,5	20	5	50	74,68	69,8	44,95
51	1,5	20	5	30	68,5	66,75	41
52	1,5	5	5	30	66	63,75	38,75
53	3	40	2	80	23,85	21,9	16,45
54	1,5	20	10	50	76	72	47,5
55	0,5	20	10	80	23,85	31,59	20,94
56	3	40	10	80	26	24	17,5
57	1,5	20	5	80	28,5	32,85	22,15
58	0,5	20	10	30	72	66	42
59	3	5	10	30	53	50,25	31,04
60	0,5	20	2	50	74,6	69,5	44,89
61	0,5	40	10	50	74,99	70,18	45,19
62	3	40	2	50	72,9	71,5	41,5
63	1,5	20	2	30	68	65,5	40,8
64	3	20	2	30	59,75	55,87	35,75
65	0,5	20	2	80	23,15	31,1	20,75
66	3	5	5	50	57,5	53,25	31,25
67	0,5	5	5	30	69	64	40,5
68	1,5	40	5	30	72,5	69,75	43
69	1,5	5	2	30	65	62,5	37,5
70	0,5	5	10	80	20,15	29,04	18,41
71	3	20	10	30	61,25	57,5	36,75
72	1,5	40	10	50	76,9	72,9	47,95
73	0,5	40	2	50	74,97	70,16	45,15
74	0,5	5	5	50	71,5	66,5	42,85
75	0,5	5	2	50	70	65	42
76	3	40	5	50	77	75	47
77	0,5	5	2	30	67,5	62,4	39,9
78	0,5	40	5	80	24,65	32,12	21,15
79	3	40	10	50	78,9	76,5	48,5
80	0,5	5	5	80	20,05	28,89	18,19
81	3	20	5	30	60,85	56,95	36,25

Références bibliographiques

[1] Business Data, Man-made Fibres 2011, IVC website: www.ivc-ev.de consulté le 15-02-2013;

[2] Z. Wu, K. M. Soliman, A. Zipf, S. Saha, G. C. Sharma and J. N. Jenkins. Molecular Biology and Physiology. The Journal of Cotton Science. 9: 166-174 (2005);

[3] Basra, A. and C. Malik. Development of the cotton fiber. int. Rev. Cytol. 89: 65-113 (1984);

[4] Seagull, R.W., V. oliver, K. Murphy, A. Binder, and S. Kothari. Cotton fiber growth and development. 2. Changes in cell diameter and cell wall birefringence. J. Cotton Sci. 4:97-104 (2000);

[5] Lagière, R. (1966). Le Cotonnier. Paris.

[6] Parry, G. (1982). Le cotonnier et ses produits : origine et constitution. Paris (V°).

[7] Waterkeyn, L. (1987). Light microscopy of the cotton fibre. Cotton fibres: their development and properties. Technical monograph from the Belgian Cotton Research Group. Manchester (UK), International Institute for Cotton: 17-22.

[8] Roerich, O. (1947). Les caractères technologiques de la fibre de coton. Coton et Fibres Tropicales 2(IV (Décembre 1947)): 115-128.

[9] Jacquemart, J.-A. (1953). Contribution à l'étude de la structure du coton. Coton et Fibres Tropicales 8(2): 161-168.

[10] ICAC (2010). Cotton World Statistics: Bulletin of the International Cotton Advisory Committee.

[11] P. Kassenbarck. Incidence of bilateral structure of cotton fibers, 1st Inter. Symp. On cotton textile res. Paris, France (1969);

[12] G. E. Kritcheivsky, M. V. Kortchaguine, A. V. Sinakhov "Chemical Technologie of Textile Materiel", Eds. Legprombitizdat, Moscow. (1985) ;

[13] P.H. Hermans, "Physics and chemistry of cellulose fibers", Elseiver, New York, 13 (1949) ;

[14] Klemm D, Philipp B, Heinze T, Heinze U, Wagenknecht W. Comprehensive cellulose chemistry, vol. 1. Weinheim: Wiley-VCH. (1998) ;

[15] Krässig HA. In: Huglin MB, editor. Cellulose structure, accessibility and reactivity, polymer monographs, vol. 1. Amsterdam: Gordon and Breach Science Publishers;1993 ;

[16] M. Mazza. Modification chimique de la cellulose en milieu liquide ionique et CO_2 supercritique. Thèse de doctorat, Université de Toulouse, (2009).

[17] Zugenmaier P., Conformation and packing of various crystalline cellulose fibers. Prog. Polym. Sci, 26, p.1341-1417, (2001)

[18] A. D. Broadbent. Basic Principles of Textile Coloration. Society of Dyers and Colourists, pp. 70-91. 2005.

[19] J. Gordon Cook. Handbook of Textile Fibres: Volume I: Natural Fibres. Woodhead. p. 68. ISBN 1-85573-484-2. 1984.

[20] Colour Index, Society of Dyers and Colourists. http://www.colour-index.com/about

[21] R.M. Christie, Colour Chemistry, Royal Society of Chemistry: Cambridge, 2001.

[22] Mahjoub Jabli, Mohamed Hamdaoui, Aymen Jabli, Yassine Ghandour & Béchir Ben Hassine , The Journal of The Textile Institute (2014): A comparative study on the performance of dye removal, from aqueous suspension, using (2-hydroxypropyl)-β-cyclodextrin-CS, PVP-PVA-CS, PVA-CS, PVP-CS and plain CS microspheres, The Journal of The Textile Institute, DOI: 10.1080/00405000.2013.843851

[23] Weber Jr., W.J., Morris, J.C., 1963. Kinetics of adsorption on carbon from solution. Journal of Sanitary Engineering Division-ASCE 89 (SA2), 31–59.

[24] Agyei, N.M.; Strydom, C.A. and Potgieter, J.H. (2000). An investigation of phosphate ion adsorption from aqueous solution by fly ash and slag. Cem. and Concr. Res., 30(5), 823-826.

[25] Ho, Y.S. and McKay, G. (1999a). Competitive sorption of copper and nickel ions from aqueous solution using peat. Adsorption-Journal of the International Adsorption Society, 5(4), 409-417.

[26] Baup, S.; Jaffre, C.; Wolbert, D. and Laplanche, A. (2000). Adsorption of pesticides onto granulated activated carbon: determination of surface diffusivities using simple batch experiments. Adsorption, 6(3), 219-228.

[27] Bairathi A., Textile Chem. Color. 1993, Vol. 25, pp. 41-46.

[28] A. D. Broadbent. Basic Principles of Textile Colorantion. Society of Dyers and Colourists. 2001;

[29] G. Dupont. La teinture. Industrie textile. 2002 ;

[30] SDC Committee on Direct Dyes, J.S.D.C., 62 (1946) 280; 64 (1948) 145.

[31] Centre d'activités régionales pour la production propre, Ministère de l'environnement Espagne. Prévention de la pollution dans l'industrie textile dans la région méditerranéenne. Septembre 2002.

[32] M. Hamdaoui, A. Charfi et F. Foued. Study of the dyeing kinetics : Influence of pre-treatments and woven fabric structure. 2012. Doi: 10.4172/scientificreports.479

[33] A. Bondil, J. Hrabovsky Isolation thermique, tome 1, edition Eyrolles. 1978.

[34] J. Crank. Mathematics of Diffusion. 2nd ed., Oxford University Press, London. 1975.

[35] Androsov , U.N.Petrova, "Synthetic dyes in Textile Industry". Eds. Legprombitizdat, Moscow. (1989).

[36] J. Shore, "Cellulosics Dyeing", Wood Head Publishing, pp196-202, 1995.

[37] T. Sugimoto. J. S. D. C., 108 (1992) ;

[38] S. K. Chinta and V. K. Shrivastava. Technical Facts and Figures of Reactive dyes used in textiles. IJEMS 4 (3): 308-312 (2013);

[39] B. H. Melnikov, T. D. Zakharova and M. H. Kirilova. Physico-chimical Principles of Finishing Process. Eds. Legprombitizdat. Moscow. 1982;

[40] M. Hamdaoui, N. S. Achour & S. Ben Nasrallah, The influence of woven fabric structure on kinetics of water sorption. Journal of Engineered Fibers and Fabrics, Vol 9 Issue (1), 101-106, (2014);

[41] M. Hamdaoui, A. Lanouar, A New kinetic model for cotton reactive dyeing at different temperatures. Indian Journal of Fibre & Textile Research. Vol. 39 (3). 2014 ;

[42] M. Hamdaoui, S. Turki, Z. Romdhani & S. Halaoua. Effect of reactive mixtures on exhaustion values. Indian Journal of fibre & textile research. Vol. 38, 405-409, 2013.

Oui, je veux morebooks!

I want morebooks!

Buy your books fast and straightforward online - at one of the world's fastest growing online book stores! Environmentally sound due to Print-on-Demand technologies.

Buy your books online at
www.get-morebooks.com

Achetez vos livres en ligne, vite et bien, sur l'une des librairies en ligne les plus performantes au monde!
En protégeant nos ressources et notre environnement grâce à l'impression à la demande.

La librairie en ligne pour acheter plus vite
www.morebooks.fr

VDM Verlagsserv cegesellschaft mbH
Heinrich-Böcking-Str. 6-8
D - 66121 Saarbrücken   Telefax: +49 681 93 81 567-9

info@vdm-vsg.de
www.vdm-vsg.de

Printed by Books on Demand GmbH, Norderstedt / Germany